Peter Bulthaup

Der Wissenschaftsbegriff des Deutschen Idealismus:

Vierzehn Vorlesungen zur Einführung in die Philosophie

Peter Bulthaup

Vorlesungen und Schriften aus dem Nachlass

Herausgegeben vom
Gesellschaftswissenschaftlichen Institut Hannover

Band 1

Peter Bulthaup

Der Wissenschaftsbegriff des Deutschen Idealismus:

Vierzehn Vorlesungen zur Einführung in die Philosophie

(Wintersemester 1980/81)

Herausgegeben von
Christoph Gödde und Sabine Hollewedde

zu Klampen!

www.zuklampen.de

Bei Fragen zur EU-Produktsicherheitsverordnung GPSR
wenden Sie sich bitte an info@zuklampen.de.

Umschlaggestaltung: melanie@beckmann-design.de
Satz: Germano Wallmann · Gronau · www.geisterwort.de
Druck: BoD – Books on Demand GmbH
Überseering 33 · 22297 Hamburg

ISBN Printausgabe 978-3-98737-048-9
ISBN E-Book-PDF 978-3-98737-460-9
ISBN E-Book-EPUB 978-3-98737-461-6

Bibliografische Information der Deutschen Nationalbibliothek
Die Deutsche Nationalbibliothek verzeichnet diese Publikation
in der Deutschen Nationalbibliografie; detaillierte bibliografische Daten
sind im Internet über <http://dnb.dnb.de> abrufbar.

Inhalt

1. Vorlesung
21.10.1980

Die Wissenschaft hat bei vielen derjenigen, die ihrem Studium sich verschrieben haben, keinen guten Namen, steht aber außerhalb der Universität in hohem Ansehen. Das Paradox einer akademischen Wissenschaftsfeindlichkeit, die durch die Wissenschaft die Natur des Menschen vergewaltigt glaubt, ist Symptom dafür, dass die Unvereinbarkeit der Wissenschaft mit den Lebensverhältnissen der Menschen gespürt wird, ohne dass die Akademiker auf die ihnen doch naheliegende Frage kommen, ob das nicht vielleicht an den Verhältnissen liege und nicht an der Wissenschaft. Wissenschaft wird als etwas erfahren, was man ›sich reintut‹, ›sich draufschafft‹, was allenfalls, wenn es nicht nur für's Examen gefordert ist, zu diesem oder jenem praktischen Zweck als Mittel zu gebrauchen ist, nicht aber als das, was mit den Subjekten und ihrer Entfaltung zu tun habe, mit ihrem Geist. Das Wort Geist mag einer heute kaum mehr aussprechen, weil er fürchten muss, dann gleich für einen Idealisten gehalten zu werden; dass er dafür gehalten wird, reicht aus, dass alles, was er sagt und schreibt, für widerlegt gilt. Dem Vorurteil über die Wissenschaft kommt die Gestalt, in der sie Ihnen im Wissenschaftsbetrieb der Universität erscheint, entgegen. Das erste, womit nach nichtssagenden Einführungen ein Student der Geisteswissenschaften konfrontiert wird, ist die Einsicht, dass es zu jedem Gegenstand, den zu erkennen ihn vielleicht reizen könnte, mindestens ein halbes Dutzend ›Ansätze‹ gibt, die sorgfältig unterschieden werden, auch wenn sie auf die Erkenntnis derselben Sache gerichtet sind. Nun sollte man meinen, dass ›Ansätze‹, mögen sie anfangs noch so unterschiedlich sein, dann, wenn durch sie die Sache erkannt wird, entweder in dieser Erkenntnis konvergieren oder sich für die Erkenntnis der Sache als unbrauchbar erweisen. Dem ist aber nicht so, vielmehr zeigt die zu erkennende Sache mit einem Mal so viele voneinander unabhängige Seiten, wie sich ›Ansätze‹ zu ihr erfinden lassen. Statt in der Erkenntnis der Sache zu konvergieren, spannen die ›Ansätze‹ ›Ebenen‹ auf, auf denen die Sache auf jeder ›Ebene‹ ganz anders erscheint. Die Verschiedenheit der ›Ebenen‹ garantiert, dass die verschiedenen Ansichten der Sache nicht untereinander in Konflikt geraten, und das heißt dann Pluralismus. – Ginge jemand, der Schmerzen hat, nacheinander zu drei verschiedenen Ärzten, und jeder dieser Ärzte stellte eine andere Diagnose, so würde er schwerlich die Medizin für eine Wissenschaft halten. Dies ist dann für die Ärzte Grund genug, ein besonderes Vertrauensverhältnis zwischen Arzt und Patient zu erfinden, das empfindlich gestört werde, wenn ein Arzt die diagnostischen Methoden seiner Kollegen kritisiert.

Was bei den Medizinern noch ein Makel ist, eine Unsicherheit der Erkenntnis, die durch das besondere Vertrauensverhältnis eingenebelt werden soll, ist bei den Geisteswissenschaftlern eine wissenschaftliche Auszeichnung. Nur eines ist nicht erlaubt: zu fragen, wie es denn mit der zur Rede stehenden Sache wirklich sich verhalte. Erkenntnis ist nicht gefragt; wer nach ihr fragt, verstößt gegen die Regeln des Wissenschaftsbetriebes. Fragt doch einer danach, sind Konsens und gute Stimmung hin. In gewisser Weise ist die Methode der ›Ansätze‹ unfehlbar erfolgreich. Als mein Freund Günther Mensching[1] auf einer

1 Günther Mensching (*1942) studierte ebenso wie Peter Bulthaup bei Theodor W. Adorno und Max Horkheimer in Frankfurt am Main. Ab 1985 war er als außerplanmäßiger Professor an der Universität Hannover tätig, von 1997 bis zu seiner Pensionierung 2008 war er geschäftsführender Direktor des Philosophischen Seminars.

Autorenversammlung hartnäckig darauf bestand, wissen zu wollen, worum es der Sache nach ging, wurde er endlich beschieden, er habe ›halt den objektivistischen Ansatz‹. Auf die Sprache ist einigermaßen Verlass. Hätte man Günther Mensching entgegengehalten, er habe einen objektiven Ansatz, so wäre der Widerspruch greifbar gewesen, denn ein Ansatz ist etwas willkürlich Gemachtes, was aber objektiv ist, kann nicht willkürlich gemacht sein. Aristoteles sagt in der *Nikomachischen Ethik* [2], von den Gegenständen des Handelns könne es keine Wissenschaft geben, weil diese Gegenstände durch die Handlung, also willkürlich, zu verändern seien, so dass sie einmal so, einmal anders bestimmt seien, je nachdem, wie mit ihnen verfahren werde. Deswegen seien diese Gegenstände keine möglichen Gegenstände der Wissenschaft. Darin steckt die strikte Trennung der Objektivität, die Gegenstand der Wissenschaft sein kann, von dem, was subjektiv gemacht, verfertigt ist.

Sie könnten nun zu Recht darauf bestehen zu erfahren, was denn mit Wörtern wie Sache oder Objektivität gemeint sei. Die Antwort auf die Frage ist einfach: Die Sache, die Gegenstand der Wissenschaft ist, die Objektivität, ist das Wesen oder die substantielle Form. Die Antwort auf die Frage, was denn nun mit den Wörtern Wesen und substantielle Form gemeint sei, ist nicht ganz so einfach und am besten am Beispiel einer Wissenschaft zu erläutern. Jeder Student der Medizin muss am Anfang seines Studiums eine Vorlesung über Anatomie und einen Präparierkurs besuchen. Die Aufgaben, die im Präparierkurs gestellt werden, bestehen darin, einen bestimmten Muskel, Knochen, Nerv oder ein Organ zu präparieren, freizulegen, ohne es zu

Bulthaup veranstaltete in Hannover mehrere Seminare zusammen mit Mensching, u. a. zu Hegel und Heidegger.

2 Vgl. Aristoteles, *Nikomachische Ethik*, in: Werke in deutscher Übersetzung, Bd. 6, hrsg. v. Ernst Grumach, Berlin 1956, S. 126 f. (1140a-b).

beschädigen. Dazu muss dem Studenten bekannt sein, wo an oder in der Leiche er den zu präparierenden Teil finden kann; er muss also die Anatomie der Leiche kennen, bevor er anfängt zu präparieren, sonst kann er die ihm gestellte Aufgabe nicht lösen. Um diese Aufgabe lösen zu können, muss der angehende Mediziner sich die Kenntnis der Anatomie aus Vorlesung, Lehrbuch und den anatomischen Atlanten aneignen und an oder in der Leiche wiederfinden, was er zuvor gelernt hat. Das, was er aus Vorlesungen, Lehrbüchern oder Atlanten gelernt hat, stammt aus Erfahrungen, die nicht er selbst gemacht hat. Diese also nur in Sprache und Zeichnung überlieferten Erfahrungen sind auch nicht nur die eines anderen Einzelnen, sondern sie wurden im Laufe der Entwicklung der Anatomie von vielen Einzelnen zusammengetragen, die selbstverständlich nicht alle dieselbe Leiche sezieren konnten, sondern verschiedene Leichen sezierten. Das, was aus Lehrbüchern, Atlanten und Vorlesungen über Anatomie zu lernen ist, betrifft also nicht eine bestimmte Leiche, sondern alle menschlichen Körper, die, wie unterschiedlich sie im Einzelnen auch sein mögen, alle dieselbe Anordnung von Knochen, Muskeln, Nerven, Bindegewebe etc. aufweisen. Diese Anordnung ist das, was Kant das Schema zu einem Begriff nennt. »Das Schema ist an sich selbst jederzeit nur ein Produkt der Einbildungskraft; aber indem die Synthesis der letzteren keine einzelne Anschauung, sondern die Einheit in der Bestimmung der Sinnlichkeit allein zur Absicht hat, so ist das Schema doch vom Bilde zu unterscheiden. So, wenn ich fünf Punkte hintereinander setze, ... ist dieses ein Bild von der Zahl fünf. Dagegen, wenn ich eine Zahl überhaupt nur denke, die nun fünf oder hundert sein kann, so ist dieses Denken mehr die Vorstellung einer Methode, einem gewissen Begriffe gemäß eine Menge (z. E. tausend) in einem Bilde vorzustellen, als dieses Bild selbst, welches ich im letzteren Falle schwerlich würde übersehen und mit dem Begriff vergleichen können. Diese Vorstellung nun von einem allgemeinen Verfahren der Einbildungskraft, einem Begriff sein Bild zu verschaffen, nenne ich das Schema zu diesem Begriffe. [Absatz] In der Tat liegen unseren reinen sinnlichen Begriffen nicht Bilder der Gegenstände, sondern Schemate zum Grunde. Dem Begriffe von einem Triangel überhaupt würde gar kein Bild desselben jemals adäquat sein. Denn es würde die Allgemeinheit des Begriffs nicht erreichen, welche macht, daß dieser für alle, recht- oder schiefwinklige usw. gilt, sondern immer nur auf einen Teil dieser Sphäre eingeschränkt sein. Das Schema des Triangels kann niemals anderswo als in Gedanken existieren, und bedeutet eine Regel der Synthesis der Einbildungskraft, in Ansehung reiner Gestalten im Raume. Noch viel weniger erreicht ein Gegenstand der Erfahrung oder Bild desselben jemals den empirischen Begriff, sondern dieser bezieht sich jederzeit unmittelbar auf das Schema der Einbildungskraft, als eine Regel der Bestimmung unserer Anschauung, gemäß einem gewissen allgemeinen Begriffe. Der Begriff vom Hunde bedeutet eine Regel, nach welcher meine Einbildungskraft die Gestalt eines vierfüßigen Tieres allegemein verzeichnen kann, ohne auf irgendeine einzige besondere Gestalt, die mir die Erfahrung darbietet, oder auch ein jedes mögliche Bild, was ich in concreto darstellen kann, eingeschränkt zu sein. Dieser Schematismus unseres Verstandes, in Ansehung der Erscheinungen und ihrer bloßen Form, ist eine verborgene Kunst in den Tiefen der menschlichen Seele, deren wahre Handgriffe wir der Natur schwerlich jemals abraten, und sie unverdeckt vor Augen legen werden. So viel können wir nur sagen: das *Bild* ist ein Produkt des empirischen Vermögens der produktiven Einbildungskraft, das *Schema* sinnlicher Begriffe (als der Figuren im Raume) ein Produkt und gleichsam ein Monogramm der reinen Einbildungskraft a priori, wodurch und wonach die Bilder allererst möglich werden, die aber mit dem Begriffe nur immer vermittelst des Schema, welches sie bezeichnen, verknüpft werden müssen, und an sich demselben nicht völlig kongruieren.«[3]

Kant sagt, das Schema sei ein Produkt der Einbildungskraft, also etwas subjektiv Gemachtes. Das aber, was Produkt der Einbildungskraft ist und was in dieser Gestalt im Atlas der Anatomie steht, befähigt denjenigen, der sich das Schema angeeignet hat, diesen oder jenen Körperteil der Leiche zu präparieren. Das Produkt der Vorstellungskraft hat ein fundamentum in re, einen Grund in der Wirklichkeit, in der die Form, hier: die Gestalt des menschlichen Körpers, sich realisiert findet. Die substantielle Form, die durch den Begriff einer Sache bezeichnet wird, charakterisiert eine species. Das ist ein noch vorläufiger Begriff der substantiellen Form, der nicht ausreicht, um zu bestimmen, was die Sache sei. Platon fragt im Dialog *Kratylos*[4] danach, was homonym, gleichnamig sei, was also nach demselben Schema bestimmt sei, und gibt die Erklärung: Das, was auseinander hervorgehe, sei homonym: ein Pferd, weil es aus einem Pferd entstanden sei; ein Mensch, weil er aus einem Menschen entstanden sei. – Das ist eine Erkenntnis, die auch einer der früheren Präsidenten dieser Republik wiederentdeckte und mit ergreifender Schlichtheit in dem Satz formulierte, jeder Mensch habe eine Mutter.[5]

Dass das Schema auf alle Exemplare derselben Art passt, hat seinen Grund darin, dass diese Exemplare sich fortpflanzen zu Exemplaren derselben species. Damit die Exemplare

3 Immanuel Kant, *Kritik der reinen Vernunft*, hrsg. v. Raymund Schmidt, Hamburg 1976, S. 199 f. (A 140 ff. | B 179 ff.).
4 Vgl. Platon, *Kratylos*, in: Sämtliche Werke, Bd. 2, i. d. Übers. v. Friedrich Schleiermacher, hrsg. v. Ernesto Grassi, Hamburg 1972, S. 136 (393b f.).
5 Der Satz »Jeder von uns hat eine Mutter« wird Heinrich Lübke (1894-1972) zugeschrieben, der von 1959 bis 1969 der zweite Bundespräsident der Bundesrepublik Deutschland war.

sich fortpflanzen können, müssen sie sich selbst erhalten. Nur als lebende erhalten sie die Anordnung, Konfiguration von Knochen, Muskeln etc., und nur als lebende vermögen sie sich fortzupflanzen, ihr Schema in der Nachkommenschaft zu vervielfältigen. Das, was äußerlich einen Gegenstand als zu einer bestimmten substantiellen Form gehörig charakterisiert, beruht auf den Prozessen der Art- und Selbsterhaltung. Das, was diesen Prozessen ihre Einheit sichert, wurde anima vegetativa genannt. Die deutsche Übersetzung ›Pflanzenseele‹ ist nicht falsch, erweckt aber Assoziationen, die falsch sind, zum Beispiel die, die ›Pflanzenseele‹ sei mehr als die Pflanze selbst. Diese anima vegetativa ist nun der Grund der Einheit des Prozesses der Selbsterhaltung und des Prozesses der Arterhaltung. Sie ist die substantielle Form, das εἶδος, zu dem das Schema die äußere Gestalt, μορφή, abgibt. Die anima ist reflexiv, ist sich auf sich beziehende Form, was durch die Begriffe Selbsterhaltung und Arterhaltung – die Arterhaltung ist die Selbsterhaltung der Art – ausgedrückt ist. Die anima ist kein Gegenstand, sondern die Einheit eines in sich geschlossenen Prozesses. In sich geschlossen heißt, der Prozess der Selbsterhaltung und der der Selbsterhaltung der Art laufen innerhalb des einzelnen Lebewesens und innerhalb der Art ab. Der in sich geschlossene Prozess ist aber nicht nach außen abgeschlossen, sondern auf den Stoffwechsel mit dem, was außerhalb des in sich geschlossenen Prozesses liegt, angewiesen.

Zu der substantiellen Form der anima vegetativa treten die weiteren spezifizierenden substantiellen Formen der anima sensitiva und der anima intellectiva hinzu, die beide nicht unbedingt auf die Funktion in dem Prozess der Selbst- und Arterhaltung eingeschränkt sind. Dass eine Katze vor Wohlbehagen schnurrt und damit zu erkennen gibt, dass sie sich wohl fühlt, oder ein Philosoph sich Gedanken macht über die substantiellen Formen, ist keine notwendige Bedingung der Selbst- und der Arterhaltung. Die weiter spezifizierenden substantiellen Formen sind wie die anima vegetativa reflexiv, soweit sie gefasst werden als substantielle Formen der sich auf sich beziehenden Prozesse von Selbst- und Arterhaltung. Die anima sensitiva und die anima intellectiva sind darüber hinaus produktiv, die anima sensitiva zum Beispiel, wenn ein Tier träumt, die anima intellectiva, wenn ein Wissenschaftler Theorien ausdenkt. Als erste Annäherung an die Hegel'sche Vorstellung von Wissenschaft kann das Modell der anima vegetativa dienen, die sich als Identität im Prozess des Stoffwechsels erhält durch Assimilation dessen, was außerhalb des in sich geschlossenen Prozesses liegt. Das, was assimiliert wurde, ist dann das zur eigenen Substanz gewordene Äußere, das Äußere, das zur immanenten Bestimmung des Selbst geworden und von ihm nicht mehr zu unterscheiden ist.

2. Vorlesung

28.10.1980

Ich bin gefragt worden, ob dasjenige, das ich versucht hatte Ihnen als Schema darzustellen, nicht etwas Intersubjektives oder ein Paradigma im Sinne von Kuhn sei.[6] Da Vorstellungen wie die, dass etwas intersubjektiv verbindlich sein soll, zu gängigen Denkgewohnheiten geworden sind, möchte ich versuchen, das Problem in einem Schema darzustellen.

Wenn zwei Subjekte sich über etwas verständigen wollten, die Verständigung wechselseitig, aber nicht über Gegenstände vermittelt wäre, so könnten die Subjekte sich nur über sich selbst verständigen. Sie hätten keinen anderen Inhalt als sich selbst.

$$S \Leftrightarrow S^{*}$$ [7]

Hätte jedes dieser Subjekte ein nur ihm zugängliches Objekt, so dass O unterschieden wäre von O*,

$$\begin{array}{ccc} S & \Leftrightarrow & S^{*} \\ | & & | \\ O & & O^{*} \end{array}$$

so hätten die Subjekte nicht denselben Gegenstand, könnten also über Gegenstände gar nicht sich verständigen, weil sie keinen Gegenstand gemeinsam hätten.

6 Vgl. Thomas S. Kuhn, *Die Struktur wissenschaftlicher Revolutionen*, Frankfurt a. M. 1967.

7 Das Äquivalenzzeichen ⇔ soll hier nur die wechselseitige Verständigung bezeichnen.

Wenn aber die Subjekte einen gemeinsamen Gegenstand haben, können sie sich vermittels ihrer Beziehung auf diesen Gegenstand untereinander über den Gegenstand verständigen.

$$
\begin{array}{ccc}
S & \Leftrightarrow & S^* \\
\backslash & & / \\
 & O &
\end{array}
$$

Was geschieht aber dann, wenn die Subjekte zeitlich und räumlich getrennt sind, sich zwar noch über die Sprache verständigen können, aber nicht mehr denselben Gegenstand haben können, also z. B. – wie in dem Modell in der letzten Vorlesung – nicht dieselbe Leiche haben? Die beiden Subjekte haben nicht dieselbe Leiche und darum kein Objekt, über das sie sich verständigen können, es sei denn, das Objekt gehört zu einem Schema, so dass sich die Subjekte untereinander über das Schema dieses Objektes, über einen Gegenstand, der unter dieses Schema fällt, ihnen aber nicht gemeinsam ist, verständigen können. Also ist die Verständigung von Subjekten, die räumlich und zeitlich getrennt sind, eine über Schemata, da sie nie denselben Gegenstand haben. Es gab im Anfang der Entwicklung der Chemie durchaus Probleme der Art, dass jemand irgendein Steinchen hatte und fragte: Was ist das? Er untersuchte dann den Stein mit noch recht unentwickelten Methoden und schickte dann den Stein einem Kollegen mit der Bitte, die eigenen Ergebnisse an dem Stein zu überprüfen. Das ist aber noch das Vorstadium einer Wissenschaft.

Verständigen sich die Subjekte über die Schemata, so ist das Problem, in welchem Verhältnis die Schemata zu den Objekten stehen oder in welchem Verhältnis das Schema zur Sache steht. Wenn es eine Wissenschaft geben soll, die einen Gegenstand hat, muss ein eindeutiges Verhältnis von Schema und Sache gegeben sein. Das ist der Fall sowohl in der Chemie als auch in der Anatomie. Gegenstand der Wissenschaft sind immer die Schemata, die, wie in der Anatomie, dann qua Präparierkurs auf die einzelnen Leichen und hinterher auch qua Chirurgie auf die einzelnen Menschen zu beziehen sind. Soweit zunächst zu der Erklärung der Notwendigkeit des Schemas und der problematischen Beziehung von Schema und Gegenstand. Bis jetzt ist nicht mehr gesagt, als dass eine notwendige Beziehung von Schema und Gegenstand vorausgesetzt ist, damit so etwas wie eine Anatomie überhaupt möglich ist. Wie diese Beziehung im Einzelnen beschaffen ist oder wie sie begründet werden kann, ist bislang offengeblieben. Zu dem Schema gibt es eine Form der Reproduktion empirischer Objekte nach dem Schema, und das war – wie in Platons *Kratylos* dargestellt – die Fortpflanzung im Gattungsprozess. Dieser Prozess, der sich auf sich selbst bezieht, also die Selbsterhaltung eines Organismus, aus dem andere Organismen, die nach dem gleichen Schema organisiert sind, hervorgehen, der Prozess der Arterhaltung, der Fortpflanzung, war reflexiv bestimmt. Die Einheit dieses Prozesses hatte ich versucht, Ihnen als anima zu bezeichnen, als Seele, aber nicht als Seele im gebräuchlichen Sinn als irgendetwas, das hinterher im Himmel herumtrödelt. Die Seele ist ebenso wenig ein Gegenstand wie das Schema.

Ich hatte Ihnen die substantiellen Formen genannt: ›Pflanzenseele‹, empfindende Seele und die denkende Seele – anima vegetativa, anima sensitiva und anima intellectiva. Diese substantiellen Formen sind nicht unabhängig voneinander. Das lässt sich am einfachsten durch negative Urteile einsehen, negative Urteile in der Form ›Alles, was nicht lebt, fühlt auch nicht‹; ›Alles, was nicht fühlt, denkt auch nicht‹. Solche Urteile lassen sich nur sehr bedingt in bejahende oder affirmative Urteile (affirmatio heißt Bestätigung) umkehren. Ich hoffe, dass diese bedingte Umkehrbarkeit plausibel ist. Um Ihnen das regelgerecht oder nach den Regeln der Kunst, der Logik, lege artis vorzuführen, müsste ich erklären, was eine Konversion ist und wie die Negation eines Urteils in die einzelnen Termini eines Urteils gezogen werden kann bzw. wie nicht. Das wäre aber hier zu aufwendig. Ich möchte es einfach so darstellen: Aus dem Urteil ›Alles Nicht-Lebende ist nicht fühlend‹ – einem richtigen Urteil – würde durch eine Umkehrung ›Alles Lebende ist fühlend‹ – ein falsches Urteil. Das Urteil ›Einiges, das lebt, ist fühlend‹ ist wiederum richtig. Hier kommt es nicht allein auf die logische Richtigkeit an, sondern auch auf die sachliche Richtigkeit. Die logische müsste ich Ihnen vorführen und bedürfte dazu eines logischen Apparates, den sich im Laufe eines Philosophiestudiums anzueignen außerordentlich nützlich ist. Um nicht missverstanden zu werden, ich meine damit nicht Aussagenlogik und Prädikatenlogik erster und zweiter Stufe. Die Aussagen- und Prädikatenlogik erster und zweiter Stufe sind entwickelt worden anhand bestimmter Problemstellungen innerhalb der Grundlagentheorie der Mathematik. Wer diese Probleme nicht kennt, kennt nicht die Nötigung zu der Entwicklung dieses formalen Apparates. Lernt er ihn gleichwohl, dann nur in der Gestalt eines dogmatischen Wissens, von dem er weder weiß, wo der Grund dieses Wissens liegt, noch wozu ein solches Wissen gut ist. – Deswegen bin ich auch energisch und polemisch dagegen eingetreten, dass im Studiengang Philosophie diese Aussagenlogik und Prädikatenlogik erster und zweiter Stufe zur Pflicht gemacht wird. – Wer gerne rechnet, dem sei es unbenommen, so etwas zu lernen, empfehlenswert wäre dann aber jeweils nachzusehen, aus welchen Problemen diese Formen entstanden sind oder zur Lösung welcher Probleme diese Formen entwickelt worden sind. Ansonsten wird die Form der Darstellung den Problemen ganz äußerlich aufgeklatscht. Ein schönes Modell dafür sind die darüber hinaus sehr verdienstvollen Referatbände von Wolfgang Stegmüller, *Probleme und Resultate der Wissenschaftstheorie und Analytischen*

Philosophie[8], ein gutes Nachschlagewerk, in dem in der Regel zunächst ein Problem in der Form der Aussagenlogik oder Prädikatenlogik erscheint, und danach noch einmal in einem diskursiven Text. Man fragt sich dann: Wozu der doppelte Aufwand?

Die substantiellen Formen sind voneinander abhängig, weil das, was nicht lebt, auch nicht fühlt, und weil das, was nicht fühlt, auch nicht denken kann. – Die explizite Theorie dieser Abhängigkeit der substantiellen Formen voneinander ist bei Thomas von Aquin entwickelt,[9] der beweisen wollte, dass die Seelenbestandteile oder die Momente der Seele zusammengehören und nicht nur die denkende Seele in den Himmel kommt, sondern ebenso die fühlende Seele. – Diese einfach einzusehende Abhängigkeit der substantiellen Formen voneinander hat aber für die anima intellectiva, also für das, was denkt, noch eine Bestimmung, die sie nicht mit dem teilt, wovon sie abhängig ist. Diese Bestimmung möchte ich Ihnen ex negativo entwickeln, in einer Form, die in der Philosophie sehr häufig ist. Dafür, eine Bestimmung negativ zu entwickeln, hat Bruno Snell in einem Aufsatz ein schönes Beispiel gegeben. »Wenn man heute einen alten griechischen Hirten fragt: ›Wie alt bist du?‹, so kann es einem geschehen, daß er einen groß ansieht, sein Hemd aufknöpft, einen Lederbeutel herauszieht, ihn öffnet und sagt: ›Hier habe ich mein Geld. Das habe ich gezählt, weil es mir jemand wegnehmen kann. Meine Jahre habe ich nicht gezählt, denn die kann mir niemand fortnehmen.‹«[10] Im Grunde hätte die Angabe gereicht: Ich brauche nicht zu wissen,

8 Wolfgang Stegmüller, *Probleme und Resultate der Wissenschaftstheorie und Analytischen Philosophie*, Studienausgabe in 4 Bänden, Berlin/Heidelberg/New York 1969 – 1973.

9 Vgl. Thomas von Aquin, *Summe gegen die Heiden*, Zweiter Band, II. Buch, hrsg. v. Karl Albert und Paulus Engelhardt, Darmstadt 1982, S. 237 ff.

10 Bruno Snell, *Die alten Griechen und wir*, Göttingen 1962, S. 43.

wie alt ich bin, denn die Jahre kann man mir nicht wegnehmen. Der Hirt erklärte das aber durch ein Gegenbeispiel: Hier ist das, was ich zählen kann; davon weiß ich, wozu ich es zählen muss. Davon unterscheiden sich die Jahre, die ich möglicherweise auch zählen kann, von denen ich aber nicht weiß, wozu ich sie zählen muss.

Die folgende Argumentation, die versucht zu bestimmen, worin die anima rationale oder anima intellectiva sich unterscheidet von den anderen beiden Momenten der Seele, ist im Prinzip genauso aufgebaut wie die des Hirten. Die anima sensitiva ist das, was bewirkt, dass belebte Körper Empfindungen haben. Sie ist nicht reflexiv, kann sich also nicht explizit auf sich selbst beziehen, sondern immer nur auf anderes. Das Hören ist nicht zu hören, sondern Töne und Geräusche sind zu hören. Das Sehen ist nicht zu sehen, sondern Farben und Formen sind zu sehen, zwischen hell und dunkel ist zu unterscheiden. Die Bezeichnungen für die einfachen sinnlichen Wahrnehmungen fallen nicht mit diesen Wahrnehmungen zusammen, sondern sie fallen in ein Drittes, in das, was Begriffe bilden kann, nämlich in die anima intellectiva. Der Vorgang des Hörens lässt sich zwar als ein physikalisch-psychischer Vorgang vorstellen, aber die Bezeichnung ›Hören‹ fällt nicht in diesen Vorgang selbst. Der Begriff des Vorgangs ist von dem Vorgang selbst unterschieden, der Begriff des Sehens von dem Vorgang des Sehens – ein ebenso schlichtes wie zwingendes Argument gegen die Abbildtheorie.

Nun hatte ich versucht, Ihnen darzustellen, dass der Prozess der Selbsterhaltung und der Prozess der Arterhaltung reflexiv bestimmt seien, dass Stoffwechsel und Assimilation nur bei Organismen vorkommen, die sich und ihre Art erhalten. Für die gemeinhin als höher organisiert bezeichneten Organismen, die Tiere, ist die Fähigkeit zu empfinden und wahrzunehmen selbst eine Bedingung der Selbsterhaltung. Eine Katze in der Natur, die blind ist, fängt keine Maus und muss verhungern. Für sie ist also die irreflexible Fähigkeit, zu sehen, eine Bedingung ihrer Selbsterhaltung. Durch diese Fähigkeit orientiert sie sich in der Natur, in dem, was ihr äußerlich ist, was sie aber als Quelle ihrer Nahrung braucht, um sich zu erhalten und die Art fortzupflanzen. Exemplare pflanzen ja nicht sich fort, sondern die Art. Sie selbst sind in ihren Jungen nur noch als Schema enthalten, nicht aber als dieses eine Exemplar. Die Tiere als die höher entwickelten Organismen sind auf anderes Organisches angewiesen, während die Pflanze, bloße anima vegetativa, Anorganisches assimilieren kann. Das Abhängigkeitsverhältnis zwischen anima vegetativa und anima sensitiva ist auch ein reales Abhängigkeitsverhältnis, insofern die Pflanzenwelt selbst die materielle Voraussetzung für die Tierwelt ist, ohne die sich die Tiere nicht erhalten können. Wenn sie versuchen, eine Katze mit Erde zu füttern, wird sie eingehen.

Auch die Pflanzen sind auf anderes außer ihnen angewiesen und müssen ein Vermögen haben, das unterscheidet zwischen dem, was sie zu assimilieren vermögen, und dem, was sie nicht zu assimilieren vermögen. Dieses Unterscheidungsvermögen ist die Bedingung ihrer Selbsterhaltung und der Selbsterhaltung der Art. Was außerhalb des Selbst liegt, ist dadurch Beziehung dieses Selbst – des Organismus, der sich selbst erhält – auf anderes. Die Feststellung dieser Beziehung liegt nicht in dem Selbst, dessen Beziehung auf anderes es ist, sondern die Feststellung dieser Beziehung fällt in ein Drittes, die Botanik oder die Zoologie, die den Stoffwechsel eines Organismus mit seiner Umgebung untersucht. Der Begriff des Stoffwechsels fällt also nicht in den Gegenstand, dessen Stoffwechsel er ist. Der Begriff fällt in ein Drittes, das ich als anima intellectiva oder als Wissenschaft bezeichne. Für die Biologie oder für den Wissenschaftler ist der Stoffwechsel die Beziehung eines Objekts, des Organismus, auf andere Objekte, die Umgebung des Organismus. Das Selbst des Organismus, das in der Selbsterhaltung und der Selbsterhaltung der Art genannt ist, dessen Beziehung auf sich, wird also festgestellt durch die Wissenschaft, die von ihren Gegenständen unterschieden ist. Der Organismus ist zwar an sich reflexiv, sich durch Selbsterhaltung und Selbsterhaltung der Art auf sich selbst beziehend, aber die Beziehung des Organismus auf sich selbst ist für uns, für die Wissenschaft. Der Organismus ist für uns an sich – nämlich an sich selbst – reflexiv. Er ist an sich reflexiv als dieser Organismus, der sich selbst erhält, aber Reflexivität ist ein Begriff, der selbst erst in unser Bewusstsein fällt. Der Organismus hat dieses Bewusstsein seiner Reflexivität nicht von sich. Darin liegt zunächst die Differenz, dass etwas an sich bestimmt ist, aber diese Bestimmung des Ansichseins ist eine Bestimmung für uns, für das Bewusstsein. Die Feststellung der Reflexivität der anima vegetativa und der anima sensitiva fällt in die anima intellectiva oder die anima rationale.

Niemand sagt: ›Ich bin Schmerzen‹, sondern jeder sagt: ›Ich habe Schmerzen‹. Niemand sagt: ›Ich bin Empfindung‹, sondern jeder sagt: ›Ich habe Empfindung‹. Das Possessivpronomen erste Person Singular – bitte nehmen Sie es mir nicht übel, wenn ich Ihnen das übersetze –, das besitzanzeigende Fürwort erste Person Einzahl, bezeichnet etwas als zu mir gehörig, was von mir getrennt ist: meine Empfindung, meine Wahrnehmung. – Dass ich es Ihnen übersetze, hat einen Grund. Ich habe leidvolle Erfahrungen mit einer Professur für Pädagogik bei der Beobachtung von Schulunterricht, und ich habe zwei erwachsene Töchter, die das Gymnasium absolviert haben. Wenn ich sie frage, was ein Possessivpronomen erste Person Singular sei, fällt der einen mit Sicherheit nichts dazu ein, der anderen, die bis zum Abitur Lateinunterricht hatte, dämmert es irgendwo: ›Ja, das war doch was, aber was ist das?‹ Nach meinen Einblicken in den heutigen Schulunterricht ist es wirklich so. Dafür lernt man dann aber etwas über Sender, Empfänger, Codierung, Decodierung. – Zu einem Possessivpronomen erste Person Singular gehört ein grammatisches Subjekt. Dieses grammatische

Subjekt ist Ich oder ist das, was ›ich‹ sagen kann und das mit dem Possessivpronomen ›mein‹ von sich unterscheidet, was zu ihm gehört, aber nicht es selbst ist. Ich hatte vorher versucht, Ihnen zu erklären, dass man das Hören nicht hören könne und der Begriff des Hörens in etwas anderes als das Hören selbst falle. Empfindungen, als meine Empfindungen, haben ein Subjekt, das von den Empfindungen unterschieden ist, das weiß, dass es Empfindungen hat, und das ist das Ich. Das Ich unterscheidet aber nicht nur, was zu ihm gehört, aber nicht es selbst ist, es ist auch tätig. Als empfindendes Ich ist es rezeptiv, passiv, erleidet etwas, und weil es etwas erleidet, hat es seine Empfindungen. Als wahrnehmendes Ich, im Unterschied zum empfindenden, ist es tätig, aktiv: Ich sehe, ich höre. Diese Tätigkeit heißt mit dem terminus technicus, mit dem Fachausdruck, Apprehension, Ergreifen oder Erfassen. Wahrnehmung als Apprehension setzt schon ein tätiges Ich voraus, nicht nur ein empfindendes. – Eine Anmerkung dazu: Wie sehr die philosophische Terminologie von reflexiven Bestimmungen durchzogen ist, lässt an der Übersetzung sich erkennen: ›*Terminus technicus*‹ ist der Fachausdruck für den Fachausdruck.

Die Apprehension ist auf etwas gerichtet, was außerhalb des Ichs liegt und was vom Ich erfasst wird. Fragt aber ein Ich, was denn das grammatische Subjekt sowohl der Empfindungen als auch, was Subjekt dieser Tätigkeit ist, so richtet es seine Aufmerksamkeit auf sich selbst, und der terminus technicus dafür heißt Apperzeption. Im Unterschied zur Apprehension, die etwas außer mir ergreift, ist die Apperzeption etwas, das die Aufmerksamkeit auf sich selbst, oder wenn man unbedingt so will, nach innen richtet. Das geschieht schon dann, wenn ich meine Empfindungen von dem Subjekt der Empfindungen unterscheide. Ist das Ich sich selbst Gegenstand der Untersuchung, so sind untersuchendes Subjekt und untersuchter Gegenstand dasselbe; in dieser Untersuchung ist das Ich für sich. Es ist sich selbst Gegenstand und Subjekt der Untersuchung. Bei der Apprehension war das Subjekt der Tätigkeit von dem Gegenstand, der durch diese Tätigkeit ergriffen wurde, unterschieden. Bei der Apperzeption ist das Subjekt der Tätigkeit von dem Gegenstand nicht unterschieden. Das ist der explizite Begriff von Reflexivität, der Beziehung auf sich selbst.

Die Gegenstände der Wissenschaft, in der das Ich sich selbst untersucht, sind nicht nur für uns an sich reflexiv, sondern sie sind auch für sich reflexiv, das ›für uns‹ und das ›für sich‹ ist bei ihnen nicht zu trennen. Für uns ist die substantielle Form des Gegenstandes der Wissenschaft, für sich ist das Ich. In der Wissenschaft, in der das Ich sich selbst untersucht, ist das ›für uns‹, die substantielle Form, zugleich das ›für sich‹, oder die substantielle Form ist zugleich ein Ich. Die Substanz, das ist die substantielle Form, ist zugleich Subjekt. »Es kommt nach meiner Einsicht, welche sich nur durch die Darstellung des Systems selbst rechtfertigen muß [...]«, – Hegel macht an dieser Stelle genau das, von dem er sagt, dass er es nicht machen dürfe: Er nimmt ein Resultat seiner Darstellung vorweg und sagt, die Rechtfertigung folge später, nämlich in dem System selbst. Wenn das Resultat vorweggenommen wird und die Rechtfertigung später folgt, ist es ein Programm. Was Hegel an dieser Stelle aufstellt, ist das Programm seiner Philosophie. – Hegel sagt weiter: Es komme »alles darauf an, das Wahre nicht als *Substanz*, sondern ebenso sehr als *Subjekt* aufzufassen und auszudrücken. Zugleich ist zu bemerken, daß die Substantialität so sehr das Allgemeine oder die *Unmittelbarkeit des Wissens* selbst, als auch diejenige, welche *Seyn* oder Unmittelbarkeit *für das* Wissen ist, in sich schließt.«[11]

11 Georg Wilhelm Friedrich Hegel, *Phänomenologie des Geistes*, in: Sämtliche Werke, Bd. 2, hrsg. v. Hermann Glockner, Stuttgart/Bad Cannstatt 1964, S. 22. (Vgl. Hegel, *Phänomenologie des Geistes*, in: Hegel Werke 3, Frankfurt a.M. 1986 [im Folgenden: HW 3], S. 22f.)

Mit dem, was ich versucht habe, Ihnen bislang darzustellen, lässt sich dieser Satz verstehen. Das Wahre ist die Übereinstimmung einer Erkenntnis mit dem Gegenstand. Der Gegenstand ist entweder empirischer Gegenstand oder durch das Schema repräsentierter Gegenstand. Ist der Gegenstand das Schema, so repräsentiert er die Substanz. Wie dann diese Substanz mit den einzelnen Objekten vermittelt sei – die Andeutung bisher war: durch den Gattungsprozess, durch die Selbsterhaltung der Art –, ist zunächst einmal ungeklärt. Dann aber, wenn das Subjekt sich selbst Gegenstand ist, entfällt das Problem, denn wenn das Subjekt unmittelbar selbst der Gegenstand ist, ist es nicht nur für uns an sich, sondern auch für sich selbst an sich. In allen anderen Wissenschaften ist es nur für uns an sich, dort ist es für sich selbst an sich. ›Für uns‹, also die erste Person Plural, bedeutet Allgemeinheit, nämlich für uns, für alle Subjekte. Für alle Subjekte ist es das Schema. Dieses Schema für uns, das diese Allgemeinheit als Gegenstand der Erkenntnis in der Wissenschaft besitzt, ist zugleich dann das ›für sich‹ des sich auf sich beziehenden Ichs oder des sich selbst untersuchenden Denkens. Im sich selbst untersuchenden Subjekt sollen Allgemeinheit, das ›für uns‹, und Reflexivität des Ichs, das für sich selbst ist, zusammenfallen; die Allgemeinheit des »*Ich denke*«, das »alle meine Vorstellungen [muß] begleiten *können*«[12], von Kant, und die Reflexivität, die im ›Ich denke‹ und in der Untersuchung dieses Denkens selbst steckt. Jede Wissenschaftstheorie folgt dieser Argumentation. Die Wissenschaftstheorie ist nichts anderes als eine etwas entstellte Form dieser Wissenschaftslehre, die Hegel in der Vorrede skizziert und deren zentralen Begriff er an der zitierten Stelle entwickelt.

12 Kant, *Kritik der reinen Vernunft*, a. a. O., S. 140b (B 131 f.).

3. Vorlesung

04.11.1980

Ich bin darauf aufmerksam gemacht worden, dass meine Ausführungen in der letzten Vorlesung über Aussagenlogik und Prädikatenlogik erster und zweiter Stufe missverstanden werden könnten. Sie waren keine Polemik gegen die Logik, auch nicht gegen die in Kalkülen formalisierte Logik, denn erstens sind das sehr nützliche Überlegungen in Hinblick auf die Grundlagentheorie in der Mathematik, und zweitens war eine Kritik der formalen Logik nicht beabsichtigt, sondern eine Warnung vor deren undurchschautem Gebrauch. In langen Rangeleien über den Studiengang Philosophie haben wir uns am Philosophischen Seminar mühsam auf die Gebiete Logik, Metaphysik, Praktische Philosophie, Erkenntnistheorie und Ästhetik geeinigt, und ich bin immer energisch dafür eingetreten, Logik und Metaphysik in den Studiengang als verbindlich aufzunehmen. Die Frage ist nur, womit im Gebiet der Logik zu beginnen sei. Ich empfehle, die Schrift über die *Lehre vom Satz* von Aristoteles oder besser gleich das ganze *Organon*, also die ganzen logischen Schriften von Aristoteles, insbesondere die Lehre von den *Kategorien*[13], zu lesen. Diese Schriften sind zugleich eine recht vernünftige Einführung in die Probleme der Logik und eine adäquate Darstellung dieser Probleme, aus der mehr zu erfahren ist als aus einer formalen Rechnerei, die sich zumeist in der Anwendung von undurchschauten Prinzipien erschöpft, wogegen Aristoteles noch erklärt, wozu und warum

13 Vgl. Aristoteles, *Kategorien. Lehre vom Satz* (Organon I/II), i. d. Übers. v. Eugen Rolfes, Hamburg 1974.

die logischen Formen notwendig sind. Die traditionellen Lehrbücher der Logik sind weniger ergiebig, weil in ihnen der Inhalt schon weitgehend formalisiert und dogmatisiert ist. Wenn Sie dann das Selbstbewusstsein Ihrer philosophierenden anima intellectiva etwas gefestigt haben, sollten Sie die *Wissenschaft der Logik*[14] von Hegel lesen. Da das Verständnis der Hegel'schen Forderung, »das Wahre nicht als *Substanz*, sondern ebenso sehr als *Subjekt* aufzufassen«[15], Schwierigkeiten bereitete, werde ich versuchen, diesen Satz noch einmal auf andere Weise zu begründen.

In der Tat ist zunächst nicht einfach einzusehen, wieso der zu erkennende Gegenstand – das ist bei Hegel die Substanz, die substantielle Form dieses Gegenstandes – als Subjekt begriffen werden könne. Dem Zweifel daran, dass er so begriffen werden könne, liegt die Frage nach der Bedingung der Möglichkeit einer solchen Erkenntnis zu Grunde. Bitte erinnern Sie sich an das, was ich Ihnen versucht habe in der letzten Vorlesung über das Verhältnis von Subjekt, Schema und Gegenstand, der diesem Schema entsprechen soll, zu erklären. Es lässt sich dann einwenden, dass, wenn dieses skizzierte Verhältnis von Subjekt, Schema und Gegenstand richtig ist, man zwar erklären kann, wie die Wissenschaft funktioniert, damit aber noch nicht weiß, ob denn dieser Zusammenhang als Voraussetzung der Wissenschaft wirklich ist. Wenn gefragt wird, wie sich erklären lasse, dass Objekt, Schema und Subjekt auf die skizzierte Weise zusammenhängen, dann ist das eine Frage nach den Bedingungen der Möglichkeit einer solchen Erkenntnis und, wenn die

14 Vgl. Hegel, *Wissenschaft der Logik*, in: Sämtliche Werke, hrsg. v. Hermann Glockner, Bd. 4 und Bd. 5, Stuttgart/Bad Cannstatt 1965/64, (vgl. Hegel, *Wissenschaft der Logik*, in: Hegel Werke 5 u. 6, Frankfurt a. M. 1986 [im Folgenden: HW 5 bzw. HW 6]).

15 Hegel, *Phänomenologie des Geistes*, a. a. O., S. 22, (vgl. HW 3, S. 23).

Erkenntnis wahr ist, eines solchen Zusammenhangs von Subjekt und Objekt. Wenn die Erkenntnis wahr ist, dann ist zu verstehen, dass die Wissenschaft eine Erkenntnis von den substantiellen Formen der Gegenstände ist. Die Relation ›wenn – dann‹ ist ein hypothetisches Urteil; im ›wenn‹ des hypothetischen Urteils stecken die Bedingungen für das ›dann‹. Wenn also Schema und substantielle Form wirklich sind, dann ist Wissenschaft möglich, aber dass dasjenige, was in dem ›wenn‹ steckt, wahr ist, ist mit dieser Erklärung noch nicht gezeigt.

Die Wissenschaften treten Ihnen gegenüber positiv auf mit dem Gestus: So ist es. Sie haben die Gestalt eines Dogmas, einer Lehre, repräsentieren also immer das ›dann‹ des hypothetischen Urteils. Weil aber das ›wenn‹ nicht geklärt ist, ist das Dogma, die Lehre, selbst nicht begründet. Sie schwebt sozusagen über einem Abgrund zwischen Wahrheit und Unwahrheit. Das ganze Dogma, die überlieferte Lehre, erscheint zunächst als hypothetisch, als nur unter Vorbehalt richtig; unter dem Vorbehalt, dass das ›wenn‹ auch zutreffend sei. Dieser Vorbehalt wird bekräftigt, sobald es Kontroversen in der Wissenschaft gibt, der eine diese akademische Lehre, der andere jene für wahr erklärt. Auf diese Erfahrung, die jeder von Ihnen entweder schon gemacht hat oder mit an Sicherheit grenzender Wahrscheinlichkeit noch machen wird, gibt es zwei verschiedene Reaktionen. Die eine Reaktion ist Resignation. Sie äußert sich in der Vorstellung, es habe eben jeder seine eigene Meinung; ansonsten lerne man, was von einem verlangt werde, um das Examen zu bestehen, und rede jedem nach dem Munde, von dem man einen Schein haben wolle oder von dem man geprüft werde. Im Übrigen habe man seine eigene Meinung, die zwar auch nicht besser begründet sei als die, die einem vorgesetzt wurde, dafür aber den Schein der Unabhängigkeit vom Dogma garantiere. Wer sich diese Auffassung zu eigen macht, wird sich vergeblich bemühen, auch nur einen einzigen philosophischen

Gedanken adäquat zu erfassen. Das ist nicht eine Denunziation derer, die philosophische Gedanken nicht adäquat erfassen, sondern soll Ihnen nur bezeichnen, dass mit dieser Auffassung nicht zu begreifen ist, was Gegenstand der Philosophie ist. Die zweite mögliche Reaktion ist der Versuch, der Sache auf den Grund zu kommen. Dies verlangt einiges intellektuelles Selbstvertrauen und bereitet Ihnen ebenfalls mit an Sicherheit grenzender Wahrscheinlichkeit hernach auch Ärger, weil Sie dann unbegründete Lehren nicht mehr hinzunehmen bereit sein werden. Die Antizipation, die Vorwegnahme dieses Ärgers, ist die höchste Schranke vor der intellektuellen Einsicht in philosophische Probleme, zumal man diesen Ärger nicht nur mit anderen, sondern auch mit sich selbst bekommt. Es ist nicht der Mangel an intellektuellen Fähigkeiten, sondern die Vorwegnahme des Ärgers, der vorausschauende Gehorsam, der die Menschen an der Einsicht hindert, gerade auch diejenigen, die bei anderen Gelegenheiten zeigen, dass sie ganz fix im Kopf sind.

Derjenige nun, der zuerst versucht hat, der Sache auf den Grund zu kommen, war Descartes, der zunächst alle Dogmen, alle überlieferten Lehren bezweifelte. Er folgte der gewöhnlichen subjektiven Reaktion, die an einander sich widersprechenden Lehren zweifelt, und bezweifelte die Wahrheit der sich widersprechenden Lehren der Tradition. Weil ihm das ›wenn‹ des hypothetischen Urteils nicht genügend begründet schien, war für Descartes alle Wissenschaft und deren überlieferte Begründung erst einmal hinfällig. Descartes hat also nicht hingenommen, dass es einen Zusammenhang gibt zwischen dem erkennenden Subjekt, dem Schema des Objekts, der substantiellen Form des Objekts und den empirischen Gegenständen und hielt diesen Zusammenhang für nur behauptet und nicht begründet. Er fragte nach dem Grund der Wissenschaft, an dem nicht zu zweifeln sei, und fand, trotz einiger Anstrengungen, nichts, an dem sich nicht zweifeln ließ, ausgenommen den Zweifel selbst. In dieser Einsicht entdeckte Descartes, wenn auch nicht den Grund aller Wissenschaft, so doch zunächst die Selbstgewissheit des denkenden, zweifelnden Ichs. Über den Begriff der Apprehension hinaus gelangte Descartes so zu dem der Apperzeption, dem ›cogito ergo sum‹: Ich denke, also bin ich.

Denken und Gewissheit der eigenen Existenz fielen für Descartes unmittelbar zusammen. Er beschrieb den Zweck seines umfassenden Zweifels als einen Versuch, sich näher mit sich bekannt zu machen; diese Bekanntschaft mit sich selbst heißt Selbstbewusstsein. – Heute muss man vorsichtig mit den Wörtern sein. Selbstbewusstsein ist hier nicht in dem chauvinistischen Sinn zu verstehen: ›Deutsche, wir können stolz sein auf unser Land‹, oder ›Wir sind wieder wer‹, sondern Selbstbewusstsein ist als Resultat eines Prozesses der Selbsterkenntnis selbst das Resultat des Versuchs, sich nicht fremd zu bleiben. – Das, woran Descartes nicht zweifeln konnte, das Ich, das sich noch im Zweifel selbst erkennt, war die alte anima intellectiva, der Geist oder die Vernunft. Die Einsicht in die eigene anima intellectiva ist bei Descartes gewonnen durch die Selbstisolierung des zweifelnden Ichs. »Ich will jetzt meine Augen schließen, meine Ohren verstopfen und alle meine Sinne ablenken, auch die Bilder der körperlichen Dinge sämtlich aus meinem Bewußtsein tilgen, oder doch, da sich dies wohl kaum tun läßt, sie als eitel und falsch gleich nichts achten«.[16] – Adorno hat es schon sehr bedauert, dass man seine Ohren nicht zumachen kann wie seine Augen, weil das meiste, was diese Ohren erreicht, unerträglicher Lärm ist. – Descartes sagt, er werde von der Apprehension absehen, also davon, etwas außer

16 René Descartes, *Meditationen über die Grundlagen der Philosophie mit den sämtlichen Einwänden und Erwiderungen*, hrsg. v. Artur Buchenau, Hamburg 1965, S. 27.

sich zu erfassen, da selbst dann, wenn man nicht an der Existenz der Außenwelt zweifle, man nicht wissen könne, ob man sie richtig erfasse und ob das, was man erfasse, nun das einzelne Ding, das Schema oder die substantielle Form sei. »[...] ich will mich nur mit mir selbst unterreden, tiefer in mich hineinblicken und so versuchen, mich mir selbst nach und nach bekannter und vertrauter zu machen.« Sich mit sich selbst zu unterreden heißt nicht, im Georgengarten Selbstgespräche zu führen, sondern heißt bei Descartes der Versuch, über sich selbst nachzudenken, über das in sich nachzudenken, was denkt. Descartes fährt fort: »Ich bin ein denkendes Ding, d. h. ein solches, das zweifelt, bejaht, verneint, wenig versteht, vieles nicht weiß, das will, nicht will, auch Einbildung und Empfindung hat.«[17] Ob Einbildung und Empfindung aus dem ›denkenden Ding‹ herzuleiten sind, ist zu bezweifeln, sei aber hier dahingestellt. Die Bestimmung: »Ich bin ein denkendes Ding, d. h. ein solches, das [...] bejaht, verneint, wenig versteht [...]«, möchte ich Ihnen im Folgenden erklären.

Aus dem isolierten, einsamen Denken, der Unterredung mit sich selbst, soll bei Descartes die Wissenschaft begründet werden. Dies Denken ist Tätigkeit, auch noch im Zweifel, denn das Denken bejaht, verneint oder weiß, dass es nicht weiß, ob es bejahen oder verneinen soll, ob das, was es denkt, nun stimmt oder nicht. Dieses Wissen, etwas nicht zu wissen, ist auch eine Verneinung. Wenn ich sage: ›Ich weiß, dass ich nicht weiß‹, dann steckt in dem ›dass ich nicht weiß‹ eine Verneinung. – Die Tätigkeit des Denkens, bejahen oder verneinen, ist nur in Urteilen möglich, und das verneinende Urteil ist ausschließlich Tätigkeit des Denkens. Dass das verneinende Urteil ausschließlich Tätigkeit des Denkens sein soll, ist eine der Schwierigkeiten, die sich dem entgegenstellt, der weder mit sich selbst noch mit der Philosophie

17 Ebd.

sonderlich bekannt ist. Das bejahende, affirmative Urteil ›Der Baum ist grün‹ kann der sprachliche Ausdruck einer Apprehension sein, also der sprachliche Ausdruck dessen, dass die Einheit von ›Baum‹ und ›grün‹ durch die Wahrnehmung erfasst wird. Das negative Urteil ›Der Baum ist nicht grün‹ kann nicht der sprachliche Ausdruck einer Apprehension sein, denn was nicht ist, kann auch nicht durch Wahrnehmung erfasst werden. Das fällt normalerweise niemandem auf, weil Verneinungen innerhalb der Sprache jedem selbstverständlich erscheinen, es als einigermaßen selbstverständlich erscheint zu urteilen, und nicht nur zu urteilen, sondern auch, verneinende Urteile zu fällen. Das verneinende Urteil kann also nicht Resultat der Apprehension sein, sondern das verneinende Urteil ist nur im Denken möglich. Wenn Descartes nun weiß, dass er nicht weiß, so löst er genau dadurch das Denken von der Apprehension und stellt so das Denken ganz auf sich selbst. Der Sinn dieser Passage aus dem Anfang der dritten Meditation ist, dass das Denken betrachtet wird, wie es unabhängig von der Apprehension ist. Das Denken, das unabhängig von der Apprehension ist, erfasst nicht mehr etwas außerhalb seiner, und die einzige Beziehung, die es auf Gegenstände außer sich hat, ist zunächst nur die negative: ›Ich weiß, dass ich nicht weiß‹. Das Urteil ›Ich weiß, dass ich nicht weiß‹ ist die logische Form des Zweifels. Insofern das Denken eine Tätigkeit ist, muss dieses Denken ein Subjekt haben, das tätig ist, und dieses Subjekt nennt Descartes Ich oder Geist oder auch denkende Substanz.

Ich möchte nun versuchen, noch einmal zu erklären, was Reflexivität heißt. Dieses, das da denkt, die denkende Substanz, die negative Urteile fällt oder zweifelt, nenne ich das urteilende Subjekt. Diese Substanz erscheint in dem Satz ›Ich weiß, dass ich nicht weiß‹ zweimal. Wenn man den Satz in seine Teile zerlegt, so heißt es: ›Ich bin wissend, dass ich nicht wissend bin.‹ Der zweite Teil des Satzes, ›ich bin nicht wissend‹, ist ein negatives Urteil: S e P[18]. Das, was in diesem Urteil als S steht, nenne ich Subjekt des Urteils. Im ersten Teil des Satzes, ›ich bin wissend‹, fällt das Subjekt das Urteil, dass es nicht wissend ist. Das Subjekt des Urteils kommt also noch einmal vor, jetzt aber als urteilendes Subjekt. Das Subjekt ist also zweimal enthalten, einmal als urteilendes Subjekt: ›Ich weiß‹, und einmal als Subjekt des Urteils, über das geurteilt wird und von dem gesagt wird, dass es nicht weiß. Das Subjekt des Urteils, von dem etwas ausgesagt wird, heißt in der philosophischen Tradition durchgängig Substanz. Substanz ist das, wovon etwas ausgesagt wird. Aber das urteilende Subjekt, das von einer Substanz etwas aussagt, ist etwas anderes als das Subjekt des Urteils. – Ich hatte versucht, Ihnen das darzustellen am Modell der Biologie. – Man kann über Wahrnehmung reden, aber das Sehen sieht sich selber nicht, sondern das, was ich über das Sehen sage, fällt in ein Drittes, das urteilende Subjekt. Das, was das Sehen sieht, von dem etwas ausgesagt wird, ist das Subjekt des Urteils. Normalerweise sind diese beiden getrennt. In jeder Wissenschaft ist das urteilende Subjekt, der Wissenschaftler, etwas anderes als das Subjekt des Urteils, der Gegenstand. Nur in dem Satz ›Ich weiß, dass ich nicht weiß‹ ist es anders. In diesem Urteil, dem logischen Ausdruck des Zweifels, ist das erste Ich das urteilende Subjekt, das zweite Ich ist das Subjekt des Urteils oder die Substanz des Urteils, und in beiden Sätzen ist es dasselbe Ich. Diese

18 Bulthaup verwendet hier eines der klassischen Kürzel des logischen Quadrats. Es dient der Veranschaulichung der vier Urteilsarten: universal bejahend (›Alle S sind P‹, SaP), partikular bejahend (›Einige S sind P‹, SiP), universal verneinend (›Kein S ist P‹, SeP), partikular verneinend (›Einige S sind nicht P‹, SoP). ›S‹ steht für das Subjekt des Urteils, ›P‹ für das Prädikat. Die Kleinbuchstaben ›a‹ und ›i‹ sind die beiden ersten Vokale in ›affirmo‹ (ich bejahe), die Kleinbuchstaben ›e‹ und ›o‹ die beiden ersten Vokale in ›nego‹ (ich verneine).

Argumentation führt zurück zur Interpretation des Hegel'schen Satzes, dass die Substanz auch als Subjekt gedacht werden müsse. Im Zweifel ist also das Subjekt des Urteils auch Substanz des Urteils. Es scheint, als verhielte sich dies nur beim Zweifel so und sonst, in jeder anderen positiven Wissenschaft, sei das urteilende Subjekt vom Subjekt des Urteils oder von der Substanz getrennt. Wenn aber das urteilende Subjekt vom Subjekt des Urteils oder von der Substanz getrennt ist, stellt sich die Frage, wie dann beide zusammenhängen, wie dann die Substanz vom urteilenden Subjekt überhaupt erkannt werden kann. – Kein angehender Mediziner wird sagen, er selbst sei die Leiche, an der er etwas präpariere. Ich sage das, um plausibel zu machen, dass dann das urteilende Subjekt vom Subjekt des Urteils getrennt ist. –

Descartes fragt nun, was denn die unabhängig von mir, außer mir existierende Substanz, die Subjekt des Urteils ist, sei. Die allgemeinste Bestimmung dieser Substanz außer mir sei es, so Descartes, körperliche Substanz zu sein. Damit die Argumentation von Descartes verständlicher wird, zitiere ich eine längere Passage aus der zweiten Meditation. »Betrachten wir diejenigen Gegenstände, die nach der gewöhnlichen Meinung von allen am deutlichsten erfaßt werden, d. h. die Körper, die wir betasten und sehen [...], nehmen wir vielmehr irgendeinen Körper im besonderen, z. B. dieses Stück Wachs. Vor kurzem erst hat man es aus der Wachsscheibe gewonnen, noch verlor es nicht ganz den Geschmack des Honigs, noch blieb ein wenig zurück von dem Dufte der Blumen, aus denen es gesammelt worden; seine Farbe, Gestalt, Größe liegen offen zutage, es ist hart, auch kalt, man kann es leicht anfassen, und schlägt man mit dem Knöchel darauf, so gibt es einen Ton von sich, kurz – es besitzt alles, was erforderlich scheint, um irgendeinen Körper aufs deutlichste erkennbar zu machen.«[19] – ›Erkennbar‹ heißt hier, etwas durch

19 Descartes, *Meditationen*, a. a. O., S. 22 f.

die Sinne erfahrbar, apprehendierbar zu machen. Ich möchte Sie auf eines noch aufmerksam machen. Descartes ist Rationalist. Normalerweise gilt der Rationalismus als sinnenfeindlich, während hier, in diesem Text, eine durchaus poetische Stelle steht: »[...] noch verlor es nicht ganz den Geschmack des Honigs, noch blieb ein wenig zurück von dem Dufte der Blumen, aus denen es gesammelt worden; seine Farbe, Gestalt, Größe liegen offen zutage [...].« Ganz so einfach scheint es mit der Sinnenfeindlichkeit im Rationalismus ja doch nicht zu sein. – »Doch sieh! Während ich noch so rede, nähert man es dem Feuer, – was an Geschmack da war, geht verloren, der Geruch entschwindet, die Farbe ändert sich, seine Gestalt wird vernichtet, die Größe wächst, es wird flüssig, wird warm, es läßt sich kaum mehr anfassen, und wenn man darauf klopft, so wird es keinen Ton mehr von sich geben. Bleibt es denn noch dasselbe Wachs? Man muß zugestehen – es bleibt, keiner leugnet es, niemand ist darüber anderer Meinung! Was also war es an ihm, was man so deutlich erkannte? Sicherlich nichts von dem, was im Bereiche der Sinne lag; denn alles, was unter den Geschmack, den Geruch, das Gesicht, das Gefühl oder das Gehör fiel, ist ja jetzt geändert, und doch es bleibt – das Wachs. Vielleicht war es das, was ich mir jetzt denke, nämlich daß das Wachs selbst nicht jene Süßigkeit des Honigs, nicht der Duft der Blumen, nicht die weiße Farbe, nicht die Gestalt oder der Ton war, sondern ein Körper, der sich kurz zuvor in diesen Weisen meinem Blicke darbot, jetzt in anderen? [Absatz] Was ist aber genau das, was ich hierbei so in der Einbildung habe?«[20] – Spinoza hat daraus die Konsequenz gezogen und gefragt, was denn das Wachs dann sei? Das Wachs ist zunächst einmal die Substanz, und es ist noch die Modifikationen dieser Substanz. Die Modifikationen sind die sinnlichen Erscheinungsformen der Substanz, denen die Substanz selber

20 A. a. O., S. 23.

nur zu Grunde liegt. Bei Descartes bleibt von der Substanz außer mir, dem Wachs, nichts bestehen, was Gegenstand der Apprehension ist, was erfasst werden kann, als die Vorstellung der Ausdehnung. Fragen Sie einen Physiker, was die Farbe sei, die Sie sehen, und der Physiker wird Ihnen erklären, das sei eine elektromagnetische Schwingung, was immer das sein mag. Fragen Sie ihn, wovon denn diese Schwingung ausgehe, und er wird sagen, von einem Quantensprung in einem Atom oder in einem Molekül. Fragen Sie ihn, was das denn sei, das Atom oder das Molekül, und er wird Ihnen den Aufbau der Atome erklären, den er so wenig wie irgendein Mensch sehen kann. Vergegenwärtigen Sie sich, dass Sie all das nicht sehen können, und fragen Sie sich dann, woher die sinnlich fassbaren Erscheinungen kommen. Von den herkömmlichen Chemie- und Physikbüchern werden Sie einfach betrogen, weil dort Bildchen zu sehen sind, von denen gesagt wird, sie stellten ein Atom dar. Jeder Physiker kann Ihnen sofort sagen, dass diese Bildchen nicht stimmen können und dass sie selbst nach sehr abstrakten mathematischen Formeln konstruiert worden sind. Wenn ich versuchen sollte, Ihnen ein solches Bildchen eines Atoms aus abstrakten mathematischen Formeln, die dem zu Grunde liegen, zu begründen, müsste ich Ihnen darstellen, wie eine Schrödingergleichung zu lösen ist und dann noch erklären, was das eigentlich bezeichnen soll, was in der Schrödingergleichung steht. Das wäre ein bisschen mühselig, aber wenn Sie in ein Lehrbuch für Quantenmechanik gucken, bekommen Sie dort auch nur noch mathematische Formeln vorgesetzt.

Descartes versucht dann, diese äußere Substanz näher zu bestimmen. Die äußere Substanz sei kein Gegenstand, der sinnlich zu erfassen sei, und er sei etwas, was sich mit den Formeln der Mathematik beschreiben lässt. Diese Formeln der Mathematik gehen auf Ausgedehntes, also ist diese Substanz res extensa, ausgedehnte Wirklichkeit oder ausgedehnte Sache, die durch diese mathematischen Formeln bestimmt ist. Diese Vorstellungen von der Substanz außer uns werden durch das erfasst, was urteilendes Subjekt ist, und die Materie ist eine Vorstellung für das urteilende Subjekt. Descartes sagt, man erfasse das, was die Substanz sei, nicht durch die Wahrnehmung, durch die Apprehension, sondern durch mathematische Formeln, also durch Denken. Wird die Substanz aber nur durch das Denken erfasst, so ist diese Substanz eine Vorstellung oder ein Begriff im Bewusstsein des urteilenden Subjektes. Wenn diese Substanz eine Vorstellung in dem Bewusstsein des urteilenden Subjektes ist, dann hängen urteilendes Subjekt und Substanz als Subjekt des Urteils zusammen, insofern das eine in dem anderen enthalten ist, die Idee der Substanz in dem Geist des urteilenden Subjektes. Das bezeichnet zunächst die Grundlage eines jeden Idealismus. –

Versuchen Sie einfach einmal, mit sich Gedankenexperimente anzustellen und irgendeinen Gegenstand der Wissenschaft zu fassen, nicht, wie er hier bei Descartes beschrieben ist, sondern unabhängig davon. Sie werden sehen, sobald Sie dem Gegenstand auf den Grund gehen, kommen Sie jeweils darauf, dass der Grund die Materie oder die Substanz ist, die res extensa, und die res extensa nur ein Begriff in dem Subjekt ist. Descartes sieht genau darin den Grund, warum wir die Gegenstände als Gegenstände der Wissenschaft erfassen können. Die Substanz, wie sie im Urteil steht, ist selbst eine Vorstellung des Subjektes. So fallen dann urteilendes Subjekt und Subjekt des Urteils oder Substanz zusammen. In der nächsten Vorlesung werde ich versuchen Ihnen zu zeigen, dass diese Substanz bei Descartes noch eine weitere Bestimmung hat, nämlich die, dass sie zwar eine Vorstellung *in* dem Subjekt ist, aber nicht *aus* dem Subjekt selber stammen kann, also nicht nur von dem Subjekt produziert ist.

4. Vorlesung
11.11.1980

Wenn Ihnen die Argumentation, die Descartes am Beispiel des Wachses vorträgt, einsichtig ist, so werden Sie doch irritiert sein davon, dass die Materie ein Noumenon, ein Gedankending, eine Idee sein soll, dass also das der gewöhnlichen Vorstellung nach Handfesteste eine Idee sein soll. – Die Argumentation von Descartes ist eine systematische Argumentation, die an dem Beispiel des Wachses vorgetragen wird. Es ist einigermaßen schwierig für jemanden, der in der Lektüre philosophischer Texte nicht bewandert ist, herauszufinden, ob sich die Argumentation dann nur auf dieses Bienenwachs bezieht oder auch auf Blümchen oder Schmetterlinge, da es nicht einfach ist, daran die systematische Argumentation zu erkennen. Deswegen habe ich Ihnen auch am Ende der Vorlesung genannt, was ein Physiker für ein Elektron oder ein elektromagnetisches Feld hält. Dass das Handfesteste eine Idee sein soll, ein Gedankending, lässt sich damit erklären, dass die Substanz als Subjekt des prädikativen Urteils erscheint, und dass dann, wenn das Urteil wahr ist, es für alle urteilenden Subjekte gelten muss. Das urteilende Subjekt ist dann nicht dieses oder jenes Subjekt, sondern im Prinzip alle Subjekte. Verständlich wird das, wenn eingesehen wird, dass sich die urteilenden Subjekte hinsichtlich ihrer Beziehung auf den ihnen gemeinsamen Gegenstand, das Schema, nicht unterscheiden. Zunächst ist es so, dass sich zwei urteilende Subjekte auf dasselbe Schema beziehen und die Subjekte hinsichtlich ihrer Beziehung auf das Schema auswechselbar sind.

$$
\begin{array}{c}
Su(1) \Leftrightarrow Su(2) \\
\backslash \quad / \\
\text{Schema}
\end{array}
$$

Genauso ist es, wenn einem Subjekt des Urteils ein Prädikat zugesprochen wird und das Urteil wahr ist, dann sind die urteilenden Subjekte in Beziehung auf dieses Urteil auswechselbar, da ein wahres Urteil für alle urteilenden Subjekte gelten muss. Alle urteilenden Subjekte lassen sich, analog zu einer Formulierung von Kant, als kollektives Subjekt bezeichnen, das sich entweder auf Urteile oder auf Schemata bezieht.

$$
\begin{array}{c}
Su(k) \\
| \\
\text{Schema}
\end{array}
$$

Die Subjekte sind also hinsichtlich ihrer Beziehung auf den Gegenstand – das ist nicht ein einzelner empirischer Gegenstand, sondern das Schema – austauschbar, ebenso wie für sie die empirischen Gegenstände austauschbar sind, soweit sie zu demselben Schema gehören. Gehören die empirischen Gegenstände nicht zu demselben Schema, so haben die Subjekte Gegenstände aus verschiedenen Gegenstandsbereichen, und es ist nicht ein bestimmtes Schema, auf das die verschiedenen Subjekte als auf das ihnen gemeinsame sich beziehen. Um das verständlicher zu machen, gebe ich Ihnen ein Beispiel aus einer anderen Wissenschaft. Wenn Ihnen ein theoretischer Chemiker oder ein theoretischer Physiker etwas anhand der Schrödingergleichung $\hat{H}\psi = E\psi$ – die vollständige Darstellung dieser Gleichung ist hier unwichtig – erklären will, dann ist $\hat{H}$ ein Hamilton-Operator, E ein Eigenwert, ψ eine Eigenfunktion, und die Gleichung ist ein Schema, das sich auf Elementarteilchen bezieht und nicht auf Blümchen. Wenn nun ein zweiter Chemiker $\hat{H}$, E und

ψ nicht auf Elementarteilchen, sondern auf Blümchen bezieht, so haben beide Chemiker kein gemeinsames Schema und somit auch keinen gemeinsamen Gegenstand. Sie können sich untereinander nicht über einen bestimmten Gegenstand verständigen, da der Hamilton-Operator auf Rosen sich nicht anwenden lässt. Wenn also der eine von Elementarteilchen redet, der andere aber von Rosen, so gibt es keine Verständigung mittels eines solchen Schemas.

Allen Subjekten ist gemeinsam, dass sie eine Beziehung auf einen Gegenstand außer ihnen haben; nur, dass dieser Gegenstand, der zunächst alles umfasst, was den Subjekten äußerlich ist, nicht mehr zu einem bestimmten Schema gehört, sondern nur noch das ist, was bei Kant ›Gegenstand überhaupt‹[21] heißt. Dass ein jeder sich auf Gegenstände außer ihm bezieht, heißt, dass diese Beziehung auf Gegenstände allen gemeinsam ist. Werden nun alle denkbaren Subjekte zusammengefasst zu dem kollektiven Subjekt, dann ist dessen Beziehung auf einen Gegenstand außer ihm keine auf einen bestimmten Gegenstand, sondern nur eine Beziehung auf Gegenstände überhaupt außer ihm, die bei Descartes Materie oder res extensa, ausgedehnte Gegenstände, heißen. Die res extensa ist ebenso wenig anzufassen wie mit dem kollektiven Subjekt zu sprechen ist.

Allen Wissenschaften, ein paar neuere ausgenommen, ist gemeinsam, dass sie eine Beziehung auf einen Gegenstand haben. Da die Wissenschaftler aber nicht alle denselben Gegenstand oder Gegenstände, die zu demselben Gegenstandsbereich gehören, haben – eine Folge der gesellschaftlichen Arbeitsteilung, die kein einzelnes Subjekt vollständig mehr überschauen

21 Vgl. Kant, *Kritik der reinen Vernunft*, a. a. O., die folgenden Stellen: S. 158a (A 108); S. 298 (B 305 | A 248); »*Dinge[] überhaupt*«, S. 78 (B 51 | A 35); »Gegenstände der Sinne überhaupt«, S. 164b (B 150); »Objekt überhaupt«, S. 221 (B 208 | A 166).

kann, so dass kein Einzelner alle Gegenstände zu seinen Gegenständen rechnen kann –, bleibt als die allgemeinste Bedingung der Wissenschaft nur übrig, dass alle Wissenschaften eine Beziehung auf einen bestimmten Gegenstand haben müssen. Das ist nicht nur eine Abstraktion, die Philosophen sich ausgedacht haben, sondern die Grundlage dafür, dass allen Subjekten eine Welt außer ihnen gemeinsam ist und alle sich in derselben Welt orientieren und in ihr kooperieren können. Kein Einzelner kennt die ganze Welt, aber untereinander können sich die Subjekte über jeweils partikulare Teile der Welt, die einander überschneiden, verständigen. Allen Subjekten ist dann gemeinsam, dass, weil die partikularen Bereiche sich überschneiden, ihnen eine Welt gemeinsam ist, was nicht mehr besagt, als dass diese Welt für sie Gegenstand überhaupt ist.

Descartes, der an allem Überlieferten zweifelte, sagt nun, die res extensa, die Materie, sei das allem Zugrundeliegende, das erste Subjekt außer dem urteilenden Subjekt, von dem etwas ausgesagt werden könne, und darum das systematisch erste Subjekt des Urteils. Angefangen werden müsse, so Descartes, mit dem, was allen Subjekten gemeinsam sei. Allen Subjekten ist gemeinsam, dass sie überhaupt einen Gegenstand haben, der, weil er allen gemeinsam sein soll, völlig unbestimmt bleibt, also näher zu bestimmen ist erst durch die Prädikate. Ohne die nähere Bestimmung durch die Prädikate ist die res extensa das völlig Unbestimmte, nur das, was außer einem ist, das Zugrundeliegende oder das systematisch erste Subjekt eines Urteils.

Dazu eine etwas längere Anmerkung: Wie alle, die in der Philosophie meinen, ganz neu anzufangen, entdeckt Descartes etwas, das in der Geschichte der Philosophie längst bekannt ist: das erste Prinzip. Das erste Prinzip, das bei Thales das Wasser war, bei Anaximenes die Luft und bei Anaximander, der der Unbestimmtheit dieses ersten Prinzips schon näher kommt, das Unbegrenzte, das ἄπειρον. Für Thales war das Wasser als erstes

Prinzip noch in Analogie zur Anschauung gebildet. Eis, Wasser und Dampf sind die Aggregatzustände, die uns zugänglich sind; dementsprechend die ersten Prädikate: fest, flüssig, gasförmig. Als viertes Prädikat fügt Thales noch ›lebendig‹ hinzu, weil alles Lebendige auf die eine oder andere Weise aus Wasser besteht. Also fest, flüssig, gasförmig und lebendig sind die Prädikate, die diesem ersten Prinzip, dem Wasser, zugeordnet werden können. Bei Anaximenes sind es die Aggregatzustände Luft, Wolke, Wasser und Eis. Bei Thales findet eine fortschreitende Verdünnung vom Eis zum Wasser, vom Wasser zur Luft, bei Anaximenes eine fortschreitende Verdichtung von der Luft zur Wolke, von der Wolke zum Wasser, vom Wasser zu Eis statt. Diese Bestimmungen haben sich in der Physik gehalten, insofern dort gesagt wird, die Materie sei entweder gasförmig, flüssig oder fest. Es gibt dann noch das Plasma, das weder gasförmig noch flüssig noch fest ist, aber dafür erfindet man dann eben einen vierten Aggregatzustand. Anaximander, der sagt, das Erste sei das Unbegrenzte, das, was noch gar nicht durch Prädikate bestimmt sei, hatte, ohne die Analogie zur Erfahrung, das Prinzip des Prinzips erkannt.

Bei Descartes fanden sich bisher zwei gesicherte Bestimmungen, zwei Substanzen, für die Grundlegung der Wissenschaft: das seiner selbst gewisse urteilende Subjekt, die res cogitans, und die res extensa, das unbestimmte Subjekt des Urteils oder das Subjekt im Urteil. Descartes hat aber bisher weder eine bestimmte Beziehung des urteilenden Subjekts zum Subjekt des Urteils, noch hat er ein Prädikat zum Subjekt des Urteils. Zunächst bestimmt Descartes die Beziehung von urteilendem Subjekt zum Subjekt des Urteils. Er fragt, ob sich allein aus der Selbstgewissheit des denkenden Ichs auf etwas anderes schließen lasse, das nicht wiederum dieses Ich selbst sei. Lässt sich aus dem urteilenden Subjekt auf etwas anderes schließen, das nicht dieses urteilende Subjekt selbst ist, so führt der Schluss von dem urteilenden Subjekt zu dem Subjekt im Urteil. Descartes sagt, er sei sich seiner Existenz gewiss, weil er denke, aber das Denken sei nicht der Grund seiner Existenz, seine Existenz sei abhängig von etwas anderem. »Und darum möchte ich weiter fragen, ob ich selbst, der ich diese Idee habe,« – die Idee von Gott – »existieren könnte, wenn kein solches Wesen existierte. Nun, woher sollte ich mein Dasein haben? Offenbar von mir selbst, oder von meinen Eltern oder irgend etwas anderem minder Vollkommenen, als Gott; kann man sich doch nichts Vollkommeneres, ja sogar nichts gleich Vollkommenes wie ihn denken oder aussinnen. Hätte ich aber mein Dasein von mir, so würde ich nicht zweifeln, keine Wünsche haben, es würde mir überhaupt nichts mangeln;«[22] – Wenn ich nämlich mein Dasein aus mir hätte, würde ich, wie es in der Tradition hieß, in mir subsistieren, wäre ein ens a se, ein Seiendes aus sich, und das war in der Tradition die Bestimmung Gottes. – »[...] es würde mir überhaupt nichts mangeln; denn ich hätte mir alle Vollkommenheiten gegeben, von denen irgendeine Idee in mir vorhanden ist, und so wäre ich selbst Gott. Auch darf ich nicht glauben, das mir Mangelnde möchte etwa schwieriger zu erwerben sein, als das, was ich jetzt besitze; vielmehr muß es offenbar viel schwerer gewesen sein, daß ich, d. h. ein Ding oder eine Substanz, die denkt, aus nichts auftauchte, als zu der Erkenntnis von vielen mir unbekannten Dingen zu gelangen, die nur Accidentien jener Substanz sind. Und sicherlich würde ich doch, wenn ich jenes Größere von mir allein hätte, mir das nicht versagt haben, was leichter zu erwerben ist, ebensowenig aber auch irgend etwas anderes von dem, was ich als in der Idee Gottes enthalten erkenne, da es mir ja nicht schwieriger zu erwerben scheint.«[23] Wenn ich meine Existenz nur aus mir hätte, mein eigener Existenzgrund wäre, und alle meine

22 Descartes, *Meditationen*, a. a. O., S. 39.
23 Ebd.

Vorstellungen ihren Grund nur in mir hätten, dann müsste auch die Realität, die diesen Vorstellungen korrespondiert, ihren Grund in mir haben. Ich könnte mir jeden Wunsch erfüllen, ich brauchte ihn nur zu denken, und er wäre schon erfüllt. Ich hätte nichts Unterschiedenes von mir mehr zu erkennen, denn jede Idee wäre zugleich die Realität des Dinges in mir, dessen Idee ich dächte. »Wäre das der Fall, so würde es mir sicherlich auch schwieriger scheinen, – wenn ich doch alles übrige, was ich besitze, von mir selbst hätte, da ich die Erfahrung machen würde, daß hierin meine Macht ihre Schranken findet.«[24]

Die Argumentation von Descartes ist zunächst formuliert als ein negatives Urteil: Ich habe den Grund meiner Existenz in etwas, das ich nicht selbst bin. Wenn ich erkenne, dass ich den Grund meiner Existenz in etwas habe, das ich nicht selbst bin, dann reicht meine Erkenntnis, mein Denken, über das Ich hinaus, zumindest bis heran an den Grund der Existenz dieses Ichs, der nicht so beschränkt sein kann wie das Ich selbst; denn, so Descartes, wäre der Grund meiner Existenz so beschränkt wie das Ich selbst, dann hätte ich den Grund meiner Existenz in mir selbst. Von dem Denken auf die Existenz schließen zu können, war möglich nur, weil das Denken die Existenz des denkenden Ichs voraussetzt. Also kann dann nicht die Existenz ihrerseits aus dem Denken folgen, denn würde das Denken seine eigene Existenz begründen, so hätte das denkende Ich seine eigene Existenz selbst geschaffen. Descartes zweifelt zuerst an allem, aber er kann nicht daran zweifeln, dass er zweifelt, also muss er voraussetzen, dass es zu dem Zweifel ein Subjekt gibt, ein denkendes, urteilendes Subjekt. Wenn aber die Existenz dieses Subjektes als notwendige Voraussetzung des zweifelnden, denkenden Ichs von diesem erschlossen ist, kann diese Existenz selbst nicht aus diesem Schluss begründet werden, aus dem nur folgt, dass das

24 Descartes, *Meditationen*, a. a. O., S. 39 f.

Denken notwendig die Voraussetzung seiner Existenz annehmen muss. Das Denken begründet also nur die Selbstgewissheit des denkenden Subjektes, nicht aber dessen Existenz, die vorausgesetzt werden muss, wenn der Schluss von dem Denken auf das Sein stimmen soll. Wenn das Denken aber das denkende Ich produzierte, müsste das Denken als Ursache des Ichs vorhanden sein, bevor das Ich existierte, das denkt. Die vorausgesetzte Existenz des denkenden Ichs muss einen anderen Existenzgrund haben als die Selbstgewissheit des Denkens selbst.

Diese Argumentation von Descartes ist ein Modell dafür, wie konsequentes Denken zwangsläufig an materialistische Argumente gerät, dann nämlich, wenn, wie bei Descartes, das Denken ein Ich voraussetzt, das seinen Existenzgrund außerhalb des Denkens hat. Descartes nennt diesen Existenzgrund Gott. Wenn das Ich auf den Grund seiner Existenz schließen kann, der nicht in ihm selbst liegt, dann reicht das Denken über die Grenzen des Ichs hinaus. Wie ist es dann aber möglich, dass etwas, das jenseits des denkenden Ichs liegt, in die Gedanken des denkenden Ichs hineingelangt? Aus dem Ich selbst ist es nicht zu bestimmen, also muss es von dem kommen, das nicht das Ich selbst ist, wohl aber der Grund seiner Existenz. Diesen Grund der Existenz nennt Descartes Gott, der diesen Gedanken, seine eigene Idee, dem Subjekt eingeboren hat.

Da es im Rahmen dieser Vorlesung unmöglich ist, eine genaue Interpretation des Gottesbeweises des Descartes vorzuführen, breche ich die Descartes-Interpretation an dieser Stelle ab.

Spinoza hat die Konsequenzen aus dieser Argumentation gezogen und gefragt, was denn geschehe, wenn das Denken seine Selbstgewissheit und die Existenz des denkenden Subjektes ausspreche. Das Denken urteilt ›Das Ich ist seiner selbst gewiss‹ und ›Das Ich existiert‹. Das Denken macht also sich selbst, als urteilendes Subjekt, zu dem Subjekt eines Urteils, indem es sagt, es sei nicht der Grund seiner Existenz oder seine Existenz habe einen Grund außer ihm. Die Frage ist nun, wodurch sich das Subjekt des Urteils über sich selbst von dem allgemeinen Subjekt aller Urteile über anderes unterscheidet, wenn dieses allgemeine Subjekt aller Urteile über anderes, also über den Gegenstand überhaupt, doch auch nur die Notwendigkeit der Existenz dieses Gegenstandes aussagt. Das Urteil über den Gegenstand überhaupt sagt aus: Der Gegenstand überhaupt existiert. Das Subjekt dieses Urteils ist völlig leer. Es wird nur ausgesagt, dass es ist, sein muss, damit die Menschen eine Welt und einen Gegenstand haben. Wenn das Ich von sich selbst aussagt, dass es ist, sagt es von sich nicht mehr aus, als auch vom Gegenstand überhaupt ausgesagt ist. Beide Subjekte, das Ich und der Gegenstand überhaupt, die Materie, sind durch ihr einziges Prädikat, die Existenz, nicht voneinander unterschieden und unabhängig von diesem Prädikat völlig unbestimmt. Also, so Spinoza, unterscheiden sich die Subjekte der Urteile über sich selbst von den Subjekten der Urteile über anderes nicht, denn von dem denkenden Ich und von dem Gegenstand überhaupt ist bisher nur ausgesagt, dass sie sind. Das Ich ist dann dasselbe wie dieser Gegenstand überhaupt, res extensa, und es ist als urteilendes Subjekt zugleich die res cogitans. Der Grund der Existenz des urteilenden Subjektes, der res cogitans, ist die res extensa, die aber von der res cogitans logisch überhaupt nicht zu unterscheiden ist. Vielmehr sind für Spinoza Denken und Ausdehnung selbst Prädikate ein und desselben Subjekts des Urteils, oder Denken und Ausdehnung sind Attribute der Substanz oder Gottes oder der Natur: deus sive natura sive substantia.[25] Ob ich sage, Attribute der Substanz, Gottes, der Natur oder der Materie,

25 Vgl. Baruch de Spinoza, *Die Ethik mit geometrischer Methode begründet*, in: Werke, Bd. 2, hrsg. v. Konrad Blumenstock, Darmstadt 1980, S. 84-562; vgl. z.B. die Stellen: Eth. I, Prop. 8, Schol. 2 (S. 93); Prop. 14, Corol. 1 (S. 107); Eth. I, Def. 4 und 6 (S. 87); Eth. II, Prop. 1 (S. 163 f.), 2 (S. 165) u. 7, Schol. (S. 169 f.).

bedeutet keinen Unterschied, da in dieser Unbestimmtheit des Subjekts, der Substanz, nicht zu unterscheiden ist, ob ich sage, es ist die eine Natur oder die eine Welt für alle Menschen, oder ob ich sage, es ist die Substanz, von der etwas prädiziert wird, oder es ist Gott, in dem Denken und Sein zusammenfallen. In jedem dieser Urteile ist das Subjekt des Urteils unbestimmt und deswegen von den anderen Subjekten des Urteils nicht zu unterscheiden. Attributum heißt das, was einer Sache zukommt. Weil die Attribute, Denken und Ausdehnung, sowohl Attribute der Substanz als auch des denkenden Ichs sind, kann das denkende Ich die Substanz durch diese Attribute erfassen.

Auf eines möchte ich noch aufmerksam machen. Descartes gilt als Idealist, bei Spinoza ist man sich nicht so sicher, rechnet ihn eher zu den Materialisten. Wenn man das von irgendwelchen Resultaten her zu beurteilen versucht, so mag eine solche Kategorisierung noch hingehen. Von der Argumentation her lässt sich aber hier überhaupt nicht mehr unterscheiden, was denn nun bei Spinoza materialistisch oder was idealistisch ist. Denn sowohl die res cogitans, die denkende Substanz, wie auch die Materie, die res extensa, sind Attribute der Substanz oder, im logischen Sinne, Prädikate zu einem zuvor unbestimmten Subjekt. Was dieses Subjekt vor seiner Bestimmung durch Prädikate ist, ob Geist oder Materie, wie immer man das nennen will, ist völlig gleichgültig. Es kommt nur darauf an, wie dieses Subjekt bestimmt ist und wie argumentiert wird. Ob ich sage, der Geist ist das Erste, oder die Materie ist das Erste, ist, wenn beides völlig unbestimmt ist, gleichgültig, denn beides lässt sich auswechseln. Darin unterscheiden sich also Materialismus und Idealismus mit Sicherheit nicht.

Der Ausgangspunkt der Descartes- und Spinoza-Interpretation, die notwendig skizzenhaft blieb, war der Satz Hegels: »Es kommt nach meiner Einsicht, welche sich nur durch die Darstellung des Systems selbst rechtfertigen muß, alles darauf an, das Wahre nicht als *Substanz*, sondern ebenso sehr als *Subjekt* aufzufassen und auszudrücken.«[26] Das Subjekt in einem Urteil bezeichnet die Substanz, das urteilende Subjekt bezeichnet Hegel als Subjekt. Bei Spinoza kommt zunächst einmal beiden dasselbe zu, nämlich Ausdehnung, qua Existenz eines körperlichen Dinges, und Denken. Weil Ausdehnung und Denken beiden zukommt, ist es jedes Mal dieselbe Substanz. Für Spinoza wäre das Subjekt im Hegel'schen Sinne hier auch nur ein Attribut der Substanz. Weil es nur ein Attribut der Substanz ist und nicht die Substanz selber, schreibt Hegel: »Es kommt [...] alles darauf an, das Wahre nicht als *Substanz*, sondern ebenso sehr als *Subjekt* aufzufassen und auszudrücken. Zugleich ist zu bemerken, daß die Substantialität so sehr das Allgemeine oder die *Unmittelbarkeit des Wissens* selbst, als auch diejenige, welche *Seyn* oder Unmittelbarkeit *für das* Wissen ist, in sich schließt.« Die Substantialität ist »das Allgemeine oder die *Unmittelbarkeit des Wissens* selbst«. Sie ist das urteilende Subjekt, das auf sich selbst reflektiert, über sich urteilt und sich so zum Subjekt des Urteils macht, und sie ist das, was in seiner allgemeinsten Gestalt diesem urteilenden Subjekt gegenübersteht, nämlich die Substanz als das Subjekt im Urteil. Diese Substanz als das Subjekt im Urteil ist »diejenige, welche *Seyn* oder Unmittelbarkeit *für das* Wissen ist«, das ist der Gegenstand in seiner allgemeinen Gestalt, der Gegenstand überhaupt. Das »Allgemeine oder die *Unmittelbarkeit des Wissens* selbst« ist das cogito ergo sum des Descartes. Das, was Hegel dort formuliert, ist reiner Spinozismus. Hegel fährt fort: »Wenn, Gott als die Eine Substanz zu fassen, das Zeitalter empörte, worin diese Bestimmung ausgesprochen wurde, so lag theils der Grund hiervon in dem Instinkte, daß darin das Selbstbewußtseyn nur untergegangen, nicht erhalten ist, theils

26 Hegel, *Phänomenologie des Geistes*, a.a.O., S. 22, (vgl. HW 3, S. 22 f.).

aber ist das Gegentheil, welches das Denken als Denken festhält, die *Allgemeinheit* als solche, dieselbe Einfachheit oder ununterschiedene, unbewegte Substantialität; und wenn Drittens das Denken das Seyn der Substanz mit sich vereint und die Unmittelbarkeit oder das Anschauen als Denken erfaßt, so kommt es noch darauf an, ob dieses intellektuelle Anschauen nicht wieder in die träge Einfachheit zurückfällt, und die Wirklichkeit selbst auf eine unwirkliche Weise darstellt.«[27] Dass »Gott als die Eine Substanz zu fassen, das Zeitalter empörte«, hatte einen anderen Grund als Hegel angibt. Es hatte den Grund, dass dann nicht mehr zu unterscheiden war zwischen der Substanz als dem einen Gott und der Substanz als dem der Natur Zugrundeliegenden, der Substanz als der Materie. Spinoza konnte mit seinen eigenen Sätzen durchaus materialistisch ausgelegt werden und ist darum als einer der Begründer des Atheismus aufgefasst worden, was ihm zumindest die Drohung von Verfolgungen eingetragen hat. Er brauchte sich aber nicht – zu seinem Glück – als Philosophieprofessor zu reproduzieren, sondern hatte ein anständiges Handwerk gelernt, er konnte nämlich Linsen schleifen und hat davon gelebt. »Wenn, Gott als die Eine Substanz zu fassen, das Zeitalter empörte, [...] so lag theils der Grund hiervon in dem Instinkte, daß darin das Selbstbewußtseyn nur untergegangen, nicht erhalten ist [...].«[28] Wenn man unmittelbar, weil außer der Existenz nichts Bestimmtes davon auszusagen ist, denkendes, urteilendes Subjekt und Substanz miteinander identifiziert und das Denken zu einem Attribut der Substanz macht, dann ist überhaupt nicht zu sagen, wie es gegenüber dieser Allgemeinheit noch zu einem Selbstbewusstsein kommen soll, wie sich gegen das Allgemeine eben das Selbstbewusstsein erhalten soll, sondern das Selbstbewusstsein ist dann nur Modifikation eines Allgemeinen. Darin

27 A. a. O., S. 22 f., (vgl. HW 3, S. 22 f.).
28 A. a. O., S. 22, (vgl. HW 3, S. 23).

liegt sicherlich auch eine richtige Einsicht, nur bleibt das Selbstbewusstsein dann nicht mehr reflexiv, nicht mehr sich auf sich beziehend. Das, wovon Descartes ausging, das in sich und nur auf sich reflektierende Ich, ist durch die Identifikation mit der Substanz in der positiven Allgemeinheit verschwunden. Ist das denkende Ich nur ein Attribut dieser allgemeinen Substanz, so ist dadurch immer schon das gerechtfertigt, was mit ihm geschieht. Das »Gegentheil, welches das Denken als Denken festhält, [ist] die *Allgemeinheit* als solche, dieselbe Einfachheit oder ununterschiedene, unbewegte Substantialität«. Wenn das einzige Prädikat, das dem Denken noch zukam und wesentlich das Denken bestimmte, seine Existenz war und nicht das, was es dachte, so kommt dem Denken dieselbe formale leere Allgemeinheit zu wie der Substanz. Es erfasst wiederum nichts Bestimmtes, sondern nur diese leere Allgemeinheit. Einmal ist also das Selbst des Selbstbewusstseins untergegangen, das andere Mal bleibt das Bewusstsein leer, und das Denken fasst nur sich selbst als diese leere Allgemeinheit. Damit bezeichnet Hegel genau die beiden Schwächen der Argumentation Spinozas.

Welche Bedeutung die Argumentation Spinozas hat, lässt sich an dem Streit, den Lessing mit Goeze hatte ausfechten müssen, vergegenwärtigen. In diesem Streit, besonders in Lessings Schrift *Anti-Goeze*[29], spielt der Spinozismus eine große Rolle. Damals musste man als Spinozist nicht unbedingt ins Gefängnis, aber das Leben wurde einem Spinozisten schon einigermaßen schwer gemacht. Ich erwähne das nur, damit Sie an Lessing sich vergegenwärtigen können, welche Bedeutung Spinozas Argumente seinerzeit hatten.

29 Vgl. Gotthold Ephraim Lessing, *Anti-Goeze*, in: Theologiekritische Schriften III. Philosophische Schriften, Werke, Bd. 8, hrsg. v. Herbert G. Göpfert, München 1979, S. 160–379.

5. Vorlesung
18.11.1980

Wenn Spinoza sagt, die denkende Substanz und die ausgedehnte Substanz seien der Sache nach nicht unterschieden, dann lässt sich das in logischer Gestalt so darstellen, dass das urteilende Subjekt von dem Subjekt im Urteil sich der Sache nach nicht unterscheidet. Was das urteilende Subjekt dem Subjekt im Urteil als Prädikat zuspricht, müsste es darum auch immer sich selbst zusprechen. Für die einzelnen Wissenschaften ergibt das selbstverständlich nur Unsinn, z. B. wenn ein urteilendes Subjekt, ein Botaniker, sagte, ein Gänseblümchen habe Blütenblätter, er, das urteilende Subjekt, unterscheide sich nicht von dem Subjekt im Urteil, also sei er auch das Gänseblümchen und habe deswegen auch Blütenblätter. Die Schwierigkeit besteht darin, dass einerseits die Gedankengänge von Descartes zwingend sind und andererseits, wenn sie direkt auf die Gegenstände der Wissenschaften bezogen werden, solch ein Unfug dabei herauskommt. Nur wenn das urteilende Subjekt von der unbestimmten Substanz spricht, ist es von dem, wovon es spricht, nicht zu unterscheiden, ist es selbst denkend und ausgedehnt. Denken und Ausdehnung sind aber die einzigen Attribute, die dem Subjekt und der Substanz gleichermaßen zukommen. Die Substanz ist für sich genommen eine leere Abstraktion, die nach Hegel »die Wirklichkeit selbst auf eine unwirkliche Weise darstellt.«[30] Sie stellt die Wirklichkeit dar, weil sie der gemeinsame Grund für alles ist, also sowohl für die Gegenstände der Wissenschaft als

30 Hegel, *Phänomenologie des Geistes*, a. a. O., S. 23, (vgl. HW 3, S. 23).

auch für die Subjekte, die Wissenschaft treiben. Sie ist der Grund dafür, dass alle denkenden Subjekte in ein und derselben Welt leben und, wenn sie auch nicht dieselben Gegenstände haben, so doch Gegenstände, die jeweils zu demselben Schema gehören. Arbeitsteilung in der Wissenschaft oder auch Arbeitsteilung in der Gesellschaft wäre nicht denkbar, wenn die Einzelnen sich nicht mittels der Verständigung untereinander auf ein und dieselbe Welt beziehen könnten. Das Problem ist nun, wie von dem *einen* Grund, dem, was den Subjekten und ihren Gegenständen zu Grunde liegt, zu den bestimmten Schemata zu gelangen sei. Diese Schemata heißen bei Spinoza Modi der Substanz, doch wie es von der Substanz zu den Modi kommt, bleibt bei Spinoza unklar. Der erste Schritt dazu ist nach Hegel, dass zwischen dem urteilenden Subjekt und dem Subjekt im Urteil unterschieden werden muss. Für Hegel ist das urteilende Subjekt selbst schon der Unterschied, es hat den Unterschied an sich selbst, denn ohne ein Subjekt im Urteil gibt es kein urteilendes Subjekt, sonst könnte das urteilende Subjekt gar kein Urteil formulieren, sondern immer nur: ›ich, ich, ich‹ sagen oder: ›om, om, om‹, was dasselbe ist. Eine zweite Bestimmung gibt Hegel in der *Wissenschaft der Logik*[31]: Indem das urteilende Subjekt etwas über sich aussagt, wie in dem Satz ›Ich denke, also bin ich‹, hat es darin schon von sich das Bewusstsein des Unterschiedes von Denken und Sein ausgesagt. Es hat die Selbstgewissheit seiner Existenz als eines denkenden Wesens nur durch diesen Satz, der den Unterschied von Denken und Sein bestimmt. Das urteilende Subjekt ist wirklich, existierendes, seiendes Subjekt nur,

31 Vgl. Hegel, *Wissenschaft der Logik. Erster Teil. Die objektive Logik*, a. a. O., S. 80 ff., (vgl. HW 5, S. 75 ff.). Es ist wohl kein Zufall, dass bei Hegel die Differenz von Denken und Gedachtem erscheint bei dem Anschauen oder Denken von Nichts; denn das, was Nichts denkt, kann nicht Nichts sein. Vgl. dazu a. a. O., S. 88 ff., (vgl. HW 5, S. 83 ff.).

indem es diesen Unterschied an sich hat. Sonst wäre es entweder nur denkendes Subjekt, ein denkendes Subjekt ohne Existenz ist aber nicht vorstellbar, oder es wäre nur seiendes Subjekt, ein bewusstloses Subjekt und könnte von sich gar nichts aussagen. Also muss es denkendes und seiendes Subjekt sein, und nur, weil es beides zugleich sein muss, kann es von sich auch diesen Unterschied machen: dass es denkt und dass es ist. »Die lebendige Substanz ist ferner das Seyn, welches in Wahrheit *Subjekt*, oder was dasselbe heißt, welches in Wahrheit wirklich ist, nur insofern sie die Bewegung des Sichselbstsetzens, oder die Vermittlung des Sichanderswerdens mit sich selbst ist.«[32] Nur dadurch, dass Denken und Sein nicht dasselbe sind, ist Denken und ist Sein. Das urteilende Subjekt ist nur urteilendes Subjekt, wenn es auch ein Subjekt im Urteil gibt, und ein Subjekt im Urteil gibt es nur, wenn es ein Urteil und damit auch ein Prädikat gibt. Denken und Ausdehnung sind also nicht nur die Attribute, durch die wir die Substanz erkennen, sondern die Substanz ist wirklich nur durch den Unterschied dieser Attribute.

Spinoza machte noch den Unterschied und sagte, ganz in der Konsequenz von Descartes, die Selbstgewissheit des Denkens gebe nicht den Existenzgrund an, denn der Existenzgrund liege woanders, werde aber gedacht. Weil der Existenzgrund gedacht werde, sei er ein im Denken aufgehobener Existenzgrund, und als im Denken aufgehobener Existenzgrund sei er zugleich die Einheit von Denken und Sein. Diese Einheit wurde dann zu Grunde gelegt und sollte die Substanz sein. Diese Substanz kann als diese Einheit, als unterschiedslose Einheit, überhaupt nicht erkannt werden. Könnte sie erkannt werden, müsste etwas, was gar keinen Unterschied in sich hat, sich selbst erkennen können. Diese Substanz wird aber erkannt, indem gedacht wird, und

32 Hegel, *Phänomenologie des Geistes*, a. a. O., S. 23, (vgl. HW 3, S. 23).

gedacht wird, indem unterschieden wird; unterschieden wird nach den Attributen, nach Sein und Denken. Also wird die Substanz bei Spinoza nur durch die Attribute erkannt.

Bei Hegel wird die Substanz nicht nur durch die Attribute erkannt, sondern sie ist nur durch die Attribute wirklich, ohne sie bliebe die Substanz eine leere Abstraktion. Seine Selbstgewissheit kann das denkende, urteilende Subjekt nur behaupten, indem es das Subjekt im Urteil und das Prädikat unterscheidet. Es ist als denkendes Subjekt, was es ist, nur durch diese Unterscheidung. Descartes unterschied auch das Ich, das denkt, von dem, woran das Ich zweifeln konnte. Wäre das Ich, das denkt, nicht unterschieden von dem, woran es zweifeln kann, dann wäre es in dem, woran es zweifelte, untergegangen, versunken. Dann könnte jemand sagen, er habe anstatt eines Kopfes einen Tonkrug, und es wäre nicht möglich zu beweisen, dass er einen Kopf hat und keinen Tonkrug. Wird das Ich, das zweifelt, nicht unterschieden von dem, woran es zweifelt, gibt es nicht einmal die Selbstgewissheit des Zweifels, das Ich wüsste nicht, ob es zweifelt oder nicht. Die logische Form des Unterschieds ist das negative Urteil. Hier ist es das negative Urteil ›Das Ich ist nicht das, was Gegenstand des Zweifels ist‹; und dieses Ich ist seiner selbst gewiss, weil es sich von dem unterscheidet, woran zu zweifeln ist. Die Selbstgewissheit des Ichs ist begründet in einem negativen Urteil, dessen Subjekt es selbst ist, oder das Ich ist vermittelt durch das negative Urteil, dessen Subjekt es selbst ist. In dem Urteil ›Ich ist nicht das, was unter Zweifel zu stellen ist‹ unterscheidet das Ich, als Subjekt im Urteil, durch die Kopula ›ist nicht‹ das Prädikat, das, was unter Zweifel zu stellen ist, von sich. Zugleich ist dieses Ich aber auch das urteilende Subjekt, das von sich zweifach etwas negativ aussagt: ›Ich ist nicht das, was unter Zweifel zu stellen ist‹, und: ›Das Ich ist nicht der Grund seiner selbst‹, es hat den Grund seiner Existenz nicht in sich selbst. Als urteilendes Subjekt steckt das Ich selbst in der verneinenden Kopula ›ist nicht‹. Die Schwierigkeit besteht darin, dass es hier jetzt ein urteilendes Subjekt gibt, das etwas über sich selbst aussagt. Insofern ist das urteilende Subjekt von dem Subjekt im Urteil nicht unterschieden. Weil es von dem nicht unterschieden ist, fallen beide zusammen. Die Kopula ›ist nicht‹ ist eine Negation, und diese Negation kann nur gedacht werden, denn verneinende, negative Urteile kann nur ein denkendes Subjekt fällen. In der Kopula steckt das urteilende Subjekt, das etwas über sich selbst aussagt, von sich etwas negiert. Insofern denkt dieses Subjekt in dem negativen Urteil sich selbst, weil es von dem Subjekt im Urteil nicht zu unterscheiden ist, und es bezieht sich damit negativ auf das, was es nicht ist. Diese Kopula ›ist nicht‹ bezeichnet Hegel als Vermittlung, in der das urteilende Subjekt nicht ein Drittes gegenüber dem Subjekt im Urteil und dem Prädikat ist, sondern das, wodurch im Urteil Subjekt und Prädikat verbunden werden. Die Schwierigkeit besteht darin, einzusehen, dass das urteilende Subjekt als das, was die Beziehung zwischen dem Subjekt des Urteils und dem Prädikat im Urteil herstellt, von der Kopula, dem Vermittelnden von Subjekt und Prädikat, nicht unterschieden ist. Insofern ist das urteilende Subjekt nicht etwas Selbständiges gegenüber dem Urteil, sondern ist in der Kopula ›ist nicht‹, der Vermittlung, enthalten. Deswegen heißt es bei Hegel: »Die lebendige Substanz ist ferner das Seyn, welches in Wahrheit *Subjekt*, oder was dasselbe heißt, welches in Wahrheit wirklich ist, nur insofern sie die Bewegung des Sichselbstsetzens, oder die Vermittlung des Sichanderswerdens mit sich selbst ist.«[33] Die »Bewegung des Sichselbstsetzens« ist die Selbstgewissheit des Ichs. Die »Vermittlung des Sichanderswerdens« liegt darin, dass dieses Subjekt von der Kopula im Urteil nicht zu unterscheiden ist, die Kopula aber gerade das Subjekt des

33 Ebd.

Urteils auf ein anderes, nämlich auf das Prädikat, bezieht. Für Hegel ist die Wirklichkeit des Subjekts oder die Wirklichkeit der Substanz nicht das Sein oder die Spinozistische Substanz, sondern das Subjekt, »welches in Wahrheit wirklich ist, nur insofern sie die Bewegung des Sichselbstsetzens« des Ichs, das seiner selbst gewiss ist, und »die Vermittlung des Sichanderswerdens mit sich selbst ist«. Das Sichanderswerden heißt: Das Ich ist auch etwas, was es nicht ist; es ist nicht selbst der Grund seiner Existenz, es ist aber nur durch den Grund seiner Existenz, und weil es nur durch den Grund seiner Existenz ist, der es nicht selbst ist, ist es selbst auch etwas anderes, durch anderes bestimmt, als es selbst.

»Sie« – die Vermittlung – »ist als Subjekt die reine *einfache Negativität*«.[34] Die Vermittlung, das Verhältnis von Subjekt und Prädikat im Urteil, ist die reine Negativität, weil zunächst Subjekt und Prädikat unterschieden werden müssen, da dem Ich nicht alle Prädikate zukommen. Kämen dem Ich alle Prädikate zu, so hätte das Ich unter anderem auch Blütenblätter. Damit Subjekt und Prädikat unterschieden werden können, bedarf es eines negativen Urteils der Form ›Subjekt ist nicht Prädikat‹. – Die Vermittlung »ist als Subjekt die reine *einfache Negativität*, eben dadurch die Entzweiung des Einfachen, oder die entgegensetzende Verdopplung, welche wieder die Negation dieser gleichgültigen Verschiedenheit und ihres Gegensatzes ist: nur diese sich *wiederherstellende* Gleichheit oder die Reflexion im Andersseyn in sich selbst – nicht eine *ursprüngliche* Einheit als solche, oder *unmittelbare* als solche, ist das Wahre.«[35] Die Vermittlung, die Kopula, ist als urteilendes Subjekt die »reine *einfache Negativität*«, das einfache Unterscheiden, das in der Kopula ›ist nicht‹ geschieht. Der Gegenbeweis ist einfach zu

34 Ebd.
35 Ebd.

führen: Gäbe es diese Unterscheidung nicht, käme Descartes mit seiner Frage, warum er nicht selber Gott sei, nicht zurecht. Er kann nur dann nicht selber Gott sein, wenn es von ihm Unterschiedenes gibt, wenn er seinen Existenzgrund nicht in sich selbst hat. Wenn er aber seinen Existenzgrund nicht in sich selbst hat, also von diesem Existenzgrund abhängt, so kann er sagen, ihm komme ein Existenzgrund zu, was wiederum ein Urteil ist, und dieser Existenzgrund sei nicht er selbst. Wird nun an die Stelle des Subjektbegriffs vor dem ›ist nicht‹ das urteilende Subjekt selbst gesetzt, so wird von ihm zunächst das unterschieden, was es nicht ist und damit auch der Grund seiner Existenz, der es nicht selbst ist, und das urteilende Subjekt als Einfaches ist dadurch entzweit oder verdoppelt in das urteilende Subjekt und den Grund der Existenz dieses urteilenden Subjektes, es ist verdoppelt in der »entgegensetzende[n] Verdopplung« von Denken und Sein. Der Sinn der Verdopplung ist, dass durch die Reflexion des Ichs auf sich selbst dieser Unterschied von Denken und Sein an ihm zutage kommt. Die Vermittlung ist als Subjekt die »reine *einfache Negativität*«, weil das urteilende Subjekt sich selbst als Subjekt im Urteil setzt. In dem Urteil ›Ich bin nicht mein eigener Existenzgrund‹ ist das Ich »die Entzweiung des Einfachen«, weil es sich in sich unterscheidet in ein denkendes und in ein existierendes Ich, in die »entgegensetzende Verdopplung« seiner selbst, »welche wieder die Negation dieser gleichgültigen Verschiedenheit und ihres Gegensatzes ist«. Die Verdopplung ist entgegensetzend, weil das Ich seinem Grund nach etwas ist, was es nicht selbst ist, und diese Verdopplung, so Hegel, soll auch die »Negation dieser gleichgültigen Verschiedenheit« sein. Bisher war nicht zu sagen, wie sich Denken auf Sein, Logik und Mathematik auf Natur beziehen lassen, beides, Denken und Sein, waren verschieden, voneinander getrennt. – Das ist ein Problem, das in vielen Diskussionen immer wieder vorkommt. Wie sind die Gesetze der Mathematik und Logik auf die Natur und die Gegenstände bezogen? Immer ist in einer solchen Frage schon impliziert, dass Denken und Sein verschieden und getrennt sind. – Bei Hegel nun ist die Verschiedenheit von Denken und Sein selbst das Resultat der »Entzweiung des Einfachen« und der »entgegensetzende[n] Verdopplung«. Die Entgegensetzung kann aber nur in einem Dritten, Identischen, im urteilenden Subjekt stattfinden, das weiß, dass das Denken das Sein ist und dass beide unterschieden sind. Daran hat Hegel sein stärkstes Argument. Er sagt, dass dann, wenn man bloß das Problem stelle, warum sich Denkformen auf Formen des Seienden beziehen lassen, man schon Denken und Sein unterschieden habe und in der Frage das Urteil impliziert sei ›Denken ist nicht Sein‹. Wenn ich aber urteile ›Denken ist nicht Sein‹, so ist das ein negatives Urteil; ist es aber ein negatives Urteil, kann es wiederum nur gedacht werden. In der Kopula ›ist nicht‹ des Urteils ›Denken ist nicht Sein‹ ist selbst schon die Einheit von Denken und Sein enthalten. Die Negation ›ist nicht‹ ist selbst Denken, denn Negationen können nur gedacht werden. Also ist das Denken selbst die Einheit von Denken und Sein. Der Witz der Argumentation ist, dass Hegel sagt, Denken und Sein würden zunächst unterschieden, durch die Kopula ›ist nicht‹, und in dieser Unterscheidung würden sie einander entgegengesetzt durch das Urteil ›Denken ist nicht Sein‹, das als negatives Urteil wieder ins Denken selbst falle. Die Kopula wird als die Einheit des Getrennten oder Auseinandergehaltenen begriffen, sie ist die Einheit dessen, was zunächst durch sie selbst, das ›ist nicht‹, unterschieden wird. Das Denken ist aber nicht von Anfang an diese Einheit, denn zu Anfang war nur die Substanz, sondern es ist die durch die Reflexion des Denkens auf sich wiederhergestellte Einheit, oder es ist Reflexionsbestimmung.

Zuerst wurde gezeigt, wie argumentiert wird, um jetzt nach den Bedingungen der Möglichkeit einer solchen Argumentation zu fragen, indem das Verhältnis der Unterschiedenen im negativen Urteil selbst zum Gegenstand der Untersuchung gemacht wird. Das Urteil ›A ist nicht B‹, das Gegenstand der Untersuchung ist, fällt in das untersuchende Subjekt, das dieses Urteil fällt. Dieses Subjekt ist aber nicht der untersuchte Gegenstand und auch nicht das Ganze des untersuchten Urteils. Das untersuchende Subjekt bezieht sich aber vermöge der Negation ›ist nicht der untersuchte Gegenstand‹, ›ist nicht das Ganze des untersuchten Urteils‹ auf dieses negative Urteil selbst. Weil dieses Subjekt sich vermöge der Negation auf das Urteil bezieht, ist es selbst bestimmt durch diese Negation. Es ist also selbst diese Negation, es ist selbst diese Vermittlung. Indem das Ich noch einmal über das negative Urteil, durch das es selbst bestimmt ist, nachdenkt, stellt es fest, dass im Denken Subjekt und Prädikat, die im negativen Urteil zunächst getrennt wurden, wieder vereinigt werden, gerade weil sie nur im Denken und nur durch das negative Urteil getrennt, unterschieden werden konnten.

Das Denken ist also nicht von Anfang an diese Einheit, die es als Substanz war, sondern es ist die durch die Reflexion des Denkens auf sich – und zwar auf seine wesentliche Bestimmung, negativ zu urteilen – wiederhergestellte Einheit oder Reflexion. Die Reflexion selbst ist Denken, aber ein Denken, dessen Gegenstand nun das ›ist nicht‹ ist, das Denken und Sein unterscheidet und das selbst nur durch das ist, was es nicht selbst ist, das also nur durch Entzweiung seiner selbst und Entäußerung zu sich selbst kommt. Das ›ist nicht‹ unterscheidet Denken und Sein. Die Reflexion auf dieses negative Urteil ist das Bewusstsein davon, dass Denken und Sein unterschieden sind, und nur durch diese Reflexion, so Hegel, kommt die Selbstgewissheit des denkenden Ichs zustande. Dem entspricht eine subjektive Erfahrung: Wer denkt, ist nicht bei sich selbst, sondern ganz bei der Sache und nur in der Sache bei sich selbst.

Ich untersuche noch einmal dieses Zitat. Die Vermittlung »ist als Subjekt die reine *einfache Negativität*« – das ›ist nicht‹ –, »eben dadurch die Entzweiung des Einfachen« – nämlich des Ichs, das im Urteil als Subjekt steht – »oder die entgegensetzende Verdopplung« – deswegen, weil das Ich nicht sein eigener Existenzgrund ist –, »welche wieder die Negation dieser gleichgültigen Verschiedenheit [...] ist«. – Normalerweise ist es so, dass urteilendes Subjekt und Subjekt des Urteils verschieden sind, der Botaniker ist nicht das Gänseblümchen, das er untersucht. Wenn das Subjekt aber auf seine eigene Verdopplung reflektiert, ist es »die Negation dieser gleichgültigen Verschiedenheit«. In der Entgegensetzung von Subjekt im Urteil und urteilendem Subjekt steckt selbst wiederum das ›ist nicht‹, das hier der Gegenstand der Untersuchung ist. Die Verschiedenheit des Unterschiedenen, die Verschiedenheit von Botaniker und Gänseblümchen, wird durch das negative Urteil ›Der Botaniker ist nicht das Gänseblümchen‹ bestimmt. Die Kopula ›ist nicht‹ ist die Entgegensetzung von Botaniker und Gänseblümchen im Urteil, also im Denken. Damit ist diese Verschiedenheit als eine Verschiedenheit im Denken aufgehoben, und die Reflexion, die sie in sich aufhebt, ist die »sich *wiederherstellende* Gleichheit oder die Reflexion im Andersseyn in sich selbst«. Wenn dadurch, dass die Entgegensetzung nur im Urteil, also im Denken, stattfinden kann, die Verschiedenheit im Denken aufgehoben ist, so bedeutet das nicht, dass jetzt der Botaniker das Gänseblümchen ist, sondern dass der Unterschied selbst in das Bewusstsein fällt, für das Bewusstsein fassbar ist in der Gestalt eines negativen Urteils. Wenn der Unterschied für das Bewusstsein, das eines ist, fassbar ist in der Gestalt eines negativen Urteils, dann ist die »Gleichheit«, die Einheit des Bewusstseins wiederhergestellt; nicht als »*ursprüngliche* Einheit«, die bei Spinoza die mit sich selbst gleiche Substanz sein sollte, sondern als reflektierte Einheit. Hegel fährt fort: »Es ist das Werden seiner selbst, der Kreis, der sein Ende als seinen Zweck voraussetzt und zum Anfange hat, und nur durch die Ausführung und sein Ende wirklich ist.«[36] Hier verwendet Hegel eine Metapher, und man kann gut sehen, wie der Gebrauch von Metaphern schiefgehen kann. Reflektiert bedeutet in sich zurückgeworfen, in sich bestimmt. Hegel versucht, das an einem äußeren Modell, dem Kreis, darzustellen. Er sagt, jedes Moment sei bestimmt durch ein anderes, denn man könne das Subjekt nicht bestimmen ohne die Kopula ›ist nicht‹, ebenso wenig das Prädikat, und die Kopula selbst sei nicht ohne das urteilende Subjekt. Es handelt sich also um eine Beziehung, die wie ein Kreis in sich geschlossen, in sich reflektiert ist. Aber unter einem Kreis, der sein Ende als sein Ziel und seinen Anfang voraussetzt, kann ich mir nichts vorstellen, denn soviel ich weiß, zeichnet sich ein Kreis gerade dadurch aus, dass er weder einen Anfang noch ein Ende hat.

Das Subjekt ist für Hegel durch die Reflexion und durch das vermittelt, was es nicht selbst ist, nur durch Entäußerung und Entzweiung kommt es zu sich selbst, analog der Erfahrung des Denkenden, der nicht bei sich selbst, sondern ganz bei der Sache, und nur in der Sache bei sich selbst ist. Ich möchte Ihnen dafür noch ein Beispiel geben. Der Satz ›Das Sein bestimmt das Bewusstsein‹, der in sogenannten materialistischen Wörterbüchern der Philosophie steht, bei Marx kommt er in dieser Gestalt nicht vor,[37] sagt aus: Sein und Bewusstsein sind nicht

36 Ebd.

37 Vgl. *Marxistisch-leninistisches Wörterbuch der Philosophie*, hrsg. v. Georg Klaus und Manfred Buhr, neubearbeitete und erweiterte Ausgabe, Reinbek bei Hamburg 1980, den Artikel *Bewußtsein*, S. 224–227; und Karl Marx, *Zur Kritik der Politischen Ökonomie. Vorwort*, in: Marx-Engels-Werke (=MEW), Bd. 13, Berlin 1975, S. 9. Dort lautet der Satz im Original: »Es ist nicht das Bewußtsein der Menschen, das ihr Sein, sondern umgekehrt ihr gesellschaftliches Sein, das ihr Bewußtsein bestimmt.«

dasselbe. Dass sie nicht dasselbe sind, kann nur durch das Urteil ›Sein ist nicht Bewusstsein‹ bezeichnet werden, und dieses Urteil, weil es ein negatives Urteil ist, kann nur gedacht werden. Wer bei der These sich beruhigt, dass das Sein das Bewusstsein bestimme, übernimmt diese These gedankenlos und ist nicht als ein Denkender bei der Sache. Damit erklärt er aber auch sein Bewusstsein als determiniert vom Sein, und welches Sein mag ihm dann den Satz ›Das Sein bestimmt das Bewusstsein‹ eingegeben haben? Derjenige, der den Satz für wahr hält, könnte vom Bewusstsein nicht sagen, dass es sein Bewusstsein ist, denn es ist ja determiniert von etwas anderem, dem Sein. Es ist also eher das Bewusstsein des Seins, im Sinne eines genitivus possessivus, als sein eigenes. Er kann in seinem Bewusstsein gar nicht bei sich selbst sein. Er könnte nicht einmal sagen, er sei sich entfremdet, denn um die Fremdheit festzustellen, müsste er schon sein Ich verdoppeln in eines, das ihm fremd ist, und eines, das er selbst ist und das von jenem aussagt, es sei ihm fremd. Dieser Aussage entspräche das Urteil ›Ich ist nicht ich selbst‹. Entfremdung ist also ein Reflexionsbegriff, der immer schon das Denken voraussetzt, da nur in dem Denken, in diesem Urteil, das einander Entfremdete einander entgegengesetzt werden kann und damit in einem Denken vereinigt wird. Wird der Begriff gedankenlos verwendet, dann ist er nur die Äußerung des Unmuts wie das Quautschen eines Kindes. Wird er aber reflektiert verwendet, verliert er seinen pejorativen Charakter und wird zur Aufforderung an sich selbst, bei der Sache zu sein oder an die Sache sich hinzugeben.

6. Vorlesung

02.12.1980

›Alle Tiere‹ sind kein Gegenstand möglicher Untersuchung, denn von allen Tieren lässt wenig sich aussagen, und die Zoologie beginnt erst dort, wo ›alle Tiere‹ unterschieden werden nach Gattungen und Arten. Für die Wissenschaft sind nun die unterschiedenen Tierarten jeweils einzelne Gegenstände – der Ausdruck ›einzelne Gegenstände‹ bezieht sich hier auf die voneinander unterschiedenen species, nicht auf die einzelnen Tiere –, aber, so Hegel, sie sind es nur durch die Unterscheidung; und da die Unterscheidung in das urteilende Subjekt fällt, sind sie als unterschiedene Arten im Subjekt zusammengefasst, ihr Unterschied begründet zugleich ihre Zusammenfassung in dem urteilenden Subjekt. Dem einzelnen Zoologen ist, wenn er sich mit dieser oder jener Art befasst, nicht bewusst, dass er, indem er sich mit dieser oder jener Art befasst, sie von allen anderen Arten unterscheidet, die anderen Arten also ausschließt. Er hat einen partikularen, einzelnen, bestimmten Gegenstand, aber er hat diesen partikularen Gegenstand nur, indem er alle anderen Gegenstände der Zoologie ausschließt. Das lässt sich durch eine negative Beweisführung sehr schnell begründen: Gelänge es nicht, alle anderen als die gerade untersuchte Art auszuschließen, so wäre nicht gesichert, dass der Zoologe sich nur mit dieser Art und keiner anderen befasst. Er wüsste nicht zuverlässig, ob er von Hausschweinen handelt oder von Regenwürmern. Jede bestimmte Art, die zuverlässig alle anderen Arten ausschließt, ist darin auch eine negative Zusammenfassung aller anderen Arten. Das ist einigermaßen schwierig zu verstehen, aber um die eine Art eindeutig zu bestimmen, müssen alle anderen Arten ausgeschlossen werden, und indem alle anderen ausgeschlossen werden, ist diese eine Art durch den Ausschluss aller anderen Arten bestimmt. Sie ist also wesentlich bestimmt durch das, was sie nicht ist, und dazu muss bekannt sein, was sie nicht ist; sonst geschieht das, was in der Logik μετάβασις εἰς ἄλλο γένος, ein Übergang in ein anderes Geschlecht, heißt, wodurch der Gegenstand, von dem geredet wird, seine Bestimmtheit verliert. Dieser Ausschluss aller anderen Arten setzt einen allgemeinen Begriff dessen voraus, was ausgeschlossen wird. Wenn jemand ausschließlich von Schweinen handeln will, muss er einen Begriff von dem haben, was nicht Schwein ist, den er nicht dadurch bekommt, dass er Schweine positiv definiert, sondern durch die Unterscheidung des Allgemeinen selbst, denn unterschieden werden kann nur in einem Allgemeinen. Unterschiede lassen sich nur bestimmen, wenn das, worin unterschieden wird, schon zuvor gegeben ist. In jedem Bestimmten, in jeder bestimmten Art ist dieses Allgemeine negativ enthalten, weil die Art alles andere, was sie nicht ist, ausschließt. Der Zoologe könnte zwar meinen, er hätte einen Gegenstand, der ihm unmittelbar positiv gegeben wäre, aber die Positivität des Gegenstandes ist schon Resultat der Ausgrenzung aus dem Allgemeinen, negativ oder an sich steckt dieses Allgemeine schon in dem positiven Gegenstand. Wird das Wissen von einer Art, von einem Gegenstand, so dargestellt, dass in der Darstellung diese Voraussetzung enthalten ist, so ist in der Darstellung jedes Wissens dieses explizit auf das Allgemeine, das in ihm selbst nicht explizit Gegenstand ist, bezogen; oder: Das Wissen ist nur als Wissenschaft oder als System wirklich. Das System ist nicht die Zusammenfassung des Wissens, sondern die negative Einheit des Gewussten, die negative Einheit der Gegenstände des Wissens im urteilenden Subjekt. Normalerweise wird Hegel ein positiver Systembegriff unterstellt. Diese Unterstellung ist falsch. Dieser positive Systembegriff wird gerade kritisiert und gilt für Hegel nicht, einmal, weil die Gegenstände des Wissens von dem Subjekt unterschieden sind, die Gegenstände sind nicht das Subjekt selbst, und zweitens, weil sie von dem Subjekt unterschieden werden, von ihm als unterschiedliche Gegenstände bestimmt werden, deswegen aber in dem Subjekt schon zusammengefasst und durch lauter unterscheidende oder disjunktive Urteile aufeinander bezogen sind. Wird das vergessen oder unterschlagen, dann erscheint der einzelne Gegenstand der Wissenschaft als in sich abgeschlossen und nur positiv bestimmt und das Subjekt in Beziehung auf diesen Gegenstand als Subjekt der Wissenschaft. Diese Borniertheit aber ist selbst Resultat, in dem unterschlagen ist, dass der Gegenstand nur durch Ausgrenzung aller anderen zustande kam. Im Resultat wäre das Subjekt der Wissenschaft sonst so beschränkt wie der Gegenstand, das Subjekt wüsste von nichts anderem als von diesem Gegenstand, und der Botaniker wäre dann so beschränkt wie das Gänseblümchen, dessen Blütenblätter er zählt. Doch das ist überhaupt nicht zu denken, denn in dem Augenblick, in dem ein Botaniker anfängt, Blütenblätter zu zählen, benutzt er schon die Kategorie Quantität, die nicht aus den Gänseblümchen stammt, sondern aus der elementaren Mathematik, die nicht Gegenstand dieses Botanikers ist. Er kann, um Wissenschaftler zu sein, gar nicht so borniert sein wie sein Gegenstand und ist dadurch von seinem Gegenstand unterschieden. Der Wissenschaftler muss noch andere Gegenstände haben als den, den er untersucht, und er darf diese anderen Gegenstände nicht mit dem der Untersuchung verwechseln, denn sonst wüsste er nicht, ob er Botanik treibt oder Zahlentheorie, und er könnte die Blütenblätter des Gänseblümchens für Primzahlzwillinge halten. Es entstünde eine Konfusion, in der jeder Gegenstand mit jedem anderen Gegenstand verwechselt werden könnte oder alles mit allem, und für die Wissenschaft bliebe überhaupt kein bestimmter Gegenstand übrig. – Das ist in einigen Wissenschaften gewissermaßen zur Forschungsstrategie geworden. Sie können das daran erkennen, dass in diesen Wissenschaften immer und mit Vorliebe von außerordentlich komplexen Zusammenhängen gehandelt wird, ohne dass ein Mensch dahinterkommt, was nun mit was auf welche Art und Weise zusammenhängt. Dort werden also komplexe Zusammenhänge beschworen, nicht analysiert, und in dieser Beschwörung geht jede Bestimmtheit des Gegenstandes unter.

Unterscheidung, durch die ein Gegenstand bestimmt wird, setzt ein Allgemeines, noch nicht Unterschiedenes voraus. – Es gibt in der Geschichte der Wissenschaft etliche Modelle dafür, wie solche Unterscheidungen auch schiefgehen können. Man kann zum Beispiel auf die Idee kommen, alles Gelbe bilde eine konsistente Klasse von Gegenständen der Untersuchung. In dieser Klasse wären dann die Sonne, der Schwefel, das Gold und noch einige andere Sachen enthalten, und es müsste aufgrund dieser Bestimmung, dass alle diese Gegenstände gelb sind, eine Verwandtschaft zwischen den verschiedenen Gegenständen geben. Der Fehler ist, dass dann eine akzidentelle Bestimmung für eine substantielle genommen wird, eine Bestimmung, was etwas nur äußerlich oder zufällig ist, wird für das genommen, was etwas seiner substantiellen Form nach ist. Wenn das nicht sorgfältig unterschieden wird, kommen dabei Theorien heraus, wie sie in der Alchemie durchaus üblich waren. – Die Unterscheidung der Gegenstände ist selbst doppelt bestimmt, denn erstens ist das Allgemeine, das genus proximum, nicht der bestimmte Gegenstand, nicht die species – nicht alle Tiere sind Schweine –, und zweitens sind die species voneinander unterschieden, denn Regenwürmer sind keine Schweine. Die aus der traditionellen Metaphysik stammende Unterscheidung von genus proximum und species ist von der Biologie übernommen worden. In dem Stammbaum eines biologischen Schemas heißt der jeweils übergeordnete Begriff genus proximum, der jeweils untergeordnete und spezifiziertere Begriff species, Art.

Die Struktur des Verhältnisses von Subjekt und Gegenstand und die Struktur des Verhältnisses unterschiedener Gegenstände ist nun dieselbe. Der Gegenstand A ist nicht der Gegenstand B, der Gegenstand B ist nicht der Gegenstand A, beide sind nicht Subjekt der Wissenschaft. Dasselbe gilt für das Verhältnis von species und genus. Die species A ist nicht die species B, und die species A ist nicht identisch mit dem genus proximum. Dasselbe gilt für die species B. Nur wenn die species A und die species B unterschieden sind, gibt es zu ihnen ein genus proximum, das weder mit der einen noch mit der anderen species identisch ist, und nur, wenn der Gegenstand A und der Gegenstand B unterschieden sind, gibt es ein Subjekt, das von beiden unterschieden ist. Subjekt und Substanz existieren auf Grund der Unterschiede in dem von ihnen Unterschiedenen. Das Subjekt ist unterschieden von den Gegenständen, und es existiert nur auf Grund der Unterschiede in den Gegenständen. Ebenso existiert das genus proximum nur auf Grund der Unterschiede der species untereinander, denn wären sie nicht untereinander verschieden, wäre jedes unmittelbar mit dem genus proximum identisch. Kant drückt diesen Sachverhalt aus, wenn er sagt, man werde sich seiner selbst nur bewusst, indem man sich der Dinge außer sich bewusst werde.[38]

Die Gegenstände A und B stehen im Verhältnis des Gegensatzes zueinander; die species A und die species B stehen auch im Verhältnis des Gegensatzes zueinander. Wenn Sie sich an diesem etwas formalen Schema orientieren, reicht das schon aus, um den Schwachsinn, der über das Verhältnis von Thesis, Antithesis und Synthesis zu Hegel geäußert wird, zu kritisieren. Denn es handelt sich um jeweils negative Beziehungen, die aufeinander bezogen sind, so dass durch die Unterschiede zugleich die Unterschiedenen zusammengefasst werden und ein System

38 Vgl. Kant, *Kritik der reinen Vernunft*, a. a. O., S. 274 (B 275 f.).

bilden, dessen oberster Begriff die Einheit des Wissens ist, die bei Kant die »transzendentale Einheit der Apperzeption«, die »objektive Einheit des Selbstbewußtseins« heißt[39].

Durch die Unterschiede wird das Unterschiedene zugleich zusammengefasst, aber das Subjekt ist von dieser Einheit des Unterschiedenen noch unterschieden. Bei Descartes war es anders: Es gab nur das Subjekt, die Kopula ›ist nicht‹ und das, was das Subjekt nicht selbst war: alles andere. Das Subjekt reflektierte nur auf seine negative Beziehung zu allem anderen, und das, worauf es sich negativ bezog, hatte überhaupt keine Bedeutung für die Begründung der Selbstgewissheit des ›Ich denke‹. Es wurde nur der Zweifel selbst, die Kopula ›ist nicht‹, zum Gegenstand der Untersuchung gemacht und nicht das, was unter diesem Zweifel stand. Für Hegel hat dieses Subjekt des radikalen Zweifels dann überhaupt keinen Gegenstand mehr. Ein Subjekt, das überhaupt keinen Gegenstand hat, weiß ›Nichts‹ als seinen Gegenstand. Das Wissen von ›Nichts‹ ist aber kein Wissen mehr. Das Subjekt, das nichts mehr weiß, ist deswegen auch kein Subjekt des Wissens mehr. Also muss es Unterschiede in den Gegenständen geben, damit das Subjekt in der negativen Beziehung auf diese Gegenstände überhaupt unterschiedene Gegenstände hat und damit allererst ein Selbstbewusstsein haben kann. Für sich ist die Apperzeption leer, ist Wissen von nichts, also kein Wissen. Sie ist nur bestimmt durch den Unterschied von Einheit der Apperzeption und dem, was unter dieser Einheit steht. Was unter dieser Einheit steht, ist zunächst nur der ›Gegenstand überhaupt‹, und dieser Gegenstand überhaupt ist kein Gegenstand. »Unter mancherlei Folgerungen, die aus dem Gesagten fließen, kann diese herausgehoben werden, daß das Wissen nur als Wissenschaft oder als *System* wirklich ist und dargestellt werden kann; daß ferner ein sogenannter Grundsatz

39 Vgl. a. a. O., S. 151b f. (B 139 f.); S. 155a ff. (A 107 f.).

oder Princip der Philosophie, wenn er wahr ist, schon darum auch falsch ist, insofern er nur als Grundsatz oder Princip ist. – Es ist deswegen leicht ihn zu widerlegen. Die Widerlegung besteht darin, daß sein Mangel aufgezeigt wird; mangelhaft aber ist er, weil er nur das Allgemeine oder Princip, der Anfang ist.«[40] Die Widerlegung besteht darin, dass der Gegenstand überhaupt eben gar kein Gegenstand ist, weil er nicht in sich unterschieden ist. Hegel gibt am Anfang der *Wissenschaft der Logik*[41] das Modell davon, wenn er sagt, dass der Gegenstand überhaupt das einzige sei, was man als Gegenstand der Wissenschaft voraussetzen könne. Die Voraussetzung überhaupt, damit eine Wissenschaft einen Gegenstand haben könne, sei, dass dieser Gegenstand existiere, also die bloße Existenzaussage, ›Sein‹ ohne jede weitere Bestimmung, sei die einzige Voraussetzung, die man für den Gegenstand der Wissenschaft machen könne. Sein ohne jede weitere Bestimmung sei aber nichts; es ist vollständig leer, traditionell ausgedrückt: Dem Sein ohne jede weitere Bestimmung kommt kein Sein zu. Der Gegenstand überhaupt ist der reine Widerspruch, aber, und das ist der Witz der Hegel'schen Argumentation, widersprechen kann sich nur Entgegengesetztes, voneinander Unterschiedenes. In der traditionellen Logik ist es ein Widerspruch, wenn zu demselben Subjekt zwei Prädikate, die einander ausschließen, gehören; wenn A sowohl B wie nicht B sein soll. Zwei Urteile widersprechen sich, wenn es heißt ›Alle A sind B‹ und ›Einige A sind nicht B‹; es muss dann mindestens ein A geben, das sowohl B als auch nicht B ist. Der reine Widerspruch besteht bei Hegel zunächst darin, dass

40 Hegel, *Phänomenologie des Geistes*, a. a. O., S. 27, (vgl. HW 3, S. 27).

41 Vgl. Hegel, *Wissenschaft der Logik*, a. a. O., S. 69 ff., (vgl. HW 5, S. 65 ff.), (*Womit muß der Anfang der Wissenschaft gemacht werden?*), und S. 87 ff., (vgl. HW 5, S. 82 ff.).

das Sein Nichts ist, dass dem Sein kein Sein zukommt. Das ist ein uraltes Argument, das von Gorgias stammt, der fragt, wo das Sein denn sei.[42] Es ist nicht hier, ist nicht da, es ist nirgendwo. Was nirgendwo ist, ist nicht. Also ist Sein nicht. Damit ist für Gorgias der Begriff des Seins erledigt. Bei Hegel führt aber der Begriff des Seins, dadurch, dass es Nichts ist, auf einen Widerspruch. Ein Widerspruch setzt aber schon Entgegengesetztes voraus. Entgegengesetztes muss aber unterschieden sein, denn sonst kann es nicht entgegengesetzt sein. Ist der Gegenstand überhaupt der reine Widerspruch, dann enthält der Begriff des Gegenstandes überhaupt Entgegengesetztes, also Unterschiedenes. In der Hegel'schen Dialektik findet eine andere Art der Behandlung des Widerspruchs statt als in der traditionellen Logik. In der traditionellen Logik ist etwas, das sich widerspricht, oder ein Begriff, der an sich selbst widersprechend ist, ein nihil negativum, ein Begriff, der nichts bezeichnen kann. Hegel sagt, wenn der Begriff nichts bezeichnete, könnte er nicht einmal in sich widersprechend sein, also müsse in ihm schon etwas Unterschiedenes sein. Wenn in ihm aber etwas Unterschiedenes ist, hat dieser Widerspruch schon den Unterschied

42 Vgl. Gorgias von Leontinoi, *Reden, Fragmente und Testimonien*, hrsg. v. Thomas Buchheim, Hamburg 1989. Der Frage, wo das Sein denn sei, liegt bei Gorgias nach Darstellung von Sextus Empiricus die Annahme zu Grunde, dass das Seiende, wenn es sei, »entweder ewig oder geworden oder zugleich ewig und geworden« (S. 55) sein müsse. Gorgias führt alle drei Varianten auf Widersprüche. Bulthaup erwähnt hier lediglich die Konsequenz der ersten Variante, dass das Sein ewig sei, vgl. a. a. O., S. 57: »Ohne einen Anfang aber ist es [das Seiende] unbegrenzt. Ist es jedoch unbegrenzt, so ist es nirgendwo. Ist es nämlich nirgendwo, so ist jenes, worin es ist, ein anderes als dieses, und so wird das Seiende nicht mehr unbegrenzt sein, indem es doch durch etwas umfaßt wird. Denn größer als das Umfaßte ist das Umfassende, doch ist nichts größer als das Unbegrenzte; daher ist das Unbegrenzte nirgendwo.«

an sich selbst. Der einheitliche Grund des Systems, nämlich die Einheit des gesamten Gegenstandsbereiches, das ist der Gegenstand überhaupt, ist in sich widersprüchlich, und er ist eben deswegen nur der Grund des Systems und nicht das System selbst, oder, so Hegel, er ist der Anfang des Systems, aber nicht das System selbst. Mit dieser Bestimmung hat Hegel zwei Sachen erreicht: erstens eine andere Bestimmung des Widerspruchs als die traditionelle, in der das Widersprechende, das, dessen Begriff einen Widerspruch in sich birgt, schon Unterschiedenes enthalten muss, und zweitens kann Hegel jetzt einen identischen Grund für die Einheit der Wissenschaft angeben. Der identische Grund für die Einheit der Wissenschaft ist, dass der Anfang der Wissenschaft gemacht wird mit dem Gegenstand überhaupt. Ein Anfang ist aber das, was nicht Anfang bleibt, denn sonst wäre dieser Anfang ein Anfang von Nichts, also eben kein Anfang. Ein Anfang muss, um Anfang zu sein, Anfang von etwas Anderem als ihm selbst sein, er muss sich zu etwas Anderem entäußern, zu dem, wovon er der Anfang ist. Er muss dieses Andere, wovon er der Anfang ist, von sich abstoßen, und erst dadurch wird er zum Anfang, oder, in einer Hegel'schen Wendung, erst indem er das, wovon der Anfang Anfang ist, von sich abstößt, wird er zum Anfang oder kehrt er als Anfang zu sich zurück. Der Anfang wird durch sein Anderswerden, indem er nämlich Anfang von etwas Anderem ist, erst das, was er sein soll, nämlich Anfang. Er wird durch sein Anderswerden für sich. Vor der Entäußerung war der Anfang ein Anfang von nichts, also nicht wirklich. Nach der Entäußerung ist der Anfang in ein Anderes übergegangen, also nicht mehr der Anfang. In beiden Fällen ist der Anfang etwas bloß Gedachtes, ein ens rationis, ein Begriff ohne Gegenstand, ein Geistiges, das nicht wirklich ist. Nur in dem Prozess seiner Entäußerung ist das Geistige zugleich wirklich. Das ist der Hegel'sche Begriff von Entäußerung. Hegel fängt an mit dem Begriff des Anfangs und sagt, wenn man den

Anfang habe ohne das, was aus dem Anfang werde, bleibe er ein bloßer Begriff. Wenn man das Ende habe, das, wozu der Anfang geworden sei, sei demgegenüber der Anfang auch nur ein bloßer Begriff. Deswegen hat der Begriff des Anfangs nur einen Sinn und eine Wirklichkeit in dem Prozess, in dem aus dem, womit angefangen wird, etwas Anderes wird, indem aus dem Prinzip etwas Anderes wird, etwas, von dem es das Prinzip ist.

Sie werden vergeblich versuchen, zum Beispiel in der Mathematik, Grundbegriffe nur aus sich allein zu verstehen, weil diese Grundbegriffe oder auch die Axiome der Mathematik einen Sinn haben nur in Beziehung auf das, was aus ihnen oder mit ihnen begründet werden soll. Für sich sind sie gar nicht zu verstehen. Sie können sich eine beliebige vernünftige Wissenschaft nehmen, die mit Begründungen und Prinzipien arbeitet, und versuchen, diese Begründungen und Prinzipien zu verstehen, ohne zugleich zu erkennen, was aus den Prinzipien verstanden werden soll. Dabei kommt heraus, dass die Prinzipien, losgelöst von ihrer Anwendung, für Dinge genommen werden, so, als seien sie Gegenstände. So wird mit dem verfahren, was unter dem Atombegriff oder Molekülbegriff gedacht oder vorgestellt wird; beide haben nur einen Sinn in Beziehung auf das, was mit ihnen begründet wird. Deswegen ist es auch einigermaßen unsinnig, diese Begriffe in einer Einführung schlicht und einfach an den Anfang zu stellen, weil dann zu Anfang kein Mensch etwas verstehen kann, es sei denn, er habe das Prinzip des Anfangs begriffen und zuvor die *Vorrede* der *Phänomenologie des Geistes* verstanden, was aber bei einem Studienanfänger auch nicht so ohne weiteres vorauszusetzen ist.

Hegel nennt nun das, was nur begrifflich gefasst werden kann – wie der Anfang, bevor oder nachdem er übergegangen ist in das, wovon er der Anfang ist –, den Geist. Der Geist »ist *für sich* nur für uns, insofern sein geistiger Inhalt durch ihn selbst erzeugt ist; insofern er aber auch für sich selbst für sich ist, so ist dieses Selbsterzeugen, der reine Begriff, ihm zugleich das gegenständliche Element, worin er sein Daseyn hat; und er ist auf diese Weise in seinem Daseyn für sich selbst in sich reflektirter Gegenstand.«[43] Der Geist ist erst einmal »*für sich* nur für uns«, das heißt, man hat einen Begriff des Anfangs und weiß, dass dieser Begriff leer ist, und weiß damit zugleich, dass er einen Sinn hat nur, indem aus dem Anfang etwas Anderes wird als dieser Anfang selbst. Nur indem etwas Anderes daraus wird, wird der Anfang zum Anfang oder für sich. Für Hegel ist es zunächst eine reine Spekulation, wie der Anfang sich für uns, in unseren Gedanken, darstellt. Er ist für sich, aber dieses Fürsichwerden des Anfangs ist selbst noch so, wie dieses Fürsichwerden sich für unser Denken darstellt. Der Geist ist also »*für sich* nur für uns, insofern sein geistiger Inhalt durch ihn selbst erzeugt ist«, insofern nämlich die Inhalte der Begriffe durch das Denken selbst erzeugt sind; »[...] insofern er aber auch für sich selbst für sich ist, so ist dieses Selbsterzeugen, der reine Begriff, ihm zugleich das gegenständliche Element, worin er sein Daseyn hat«. Nicht nur der gedachte Anfang, sondern der, der wirklich Anfang von Etwas sein soll, hat sein Dasein, seine Existenz, nicht indem er Anfang ist, indem er bei sich selbst bleibt, sondern indem er in Anderes übergegangen ist. Der Begriff des Anfangs setzt damit schon voraus, dass etwas angefangen hat und dass ein Anfang schon in ein gegenständliches Daseiendes übergegangen ist. Damit der Anfang »für sich selbst für sich ist« und nicht nur für uns für sich, nicht nur gedachter Anfang bleibt, sondern wirklicher Anfang ist, muss er immer schon übergegangen sein in Gegenständliches, Daseiendes. Ist er aber übergegangen in Gegenständliches, Daseiendes, dann hat der Begriff selbst, das Gedachte, seine Realität an diesem Gegenständlichen, also an

43 Hegel, *Phänomenologie des Geistes*, a.a.O., S. 28, (vgl. HW 3, S. 28 f.).

dem, was er nicht selbst als bloß gedachter Begriff ist, oder, das Dasein dieses Begriffes ist gegenständlich.

Sie sehen, wie schwierig es ist, an diese Argumentation mit einer Unterscheidung von Idealismus und Materialismus oder Idealismus und Empirismus heranzugehen. Hegel sagt ja selbst, dass das, was bloß gedacht sei, keine Wirklichkeit, kein Dasein habe. Es muss also dem Gedachten etwas korrespondieren, das sein Dasein in dem hat, was nicht nur gedacht ist. »Der Geist, der sich so entwickelt als Geist weiß, ist die *Wissenschaft*. Sie ist seine Wirklichkeit und das Reich, das er sich in seinem eigenen Elemente erbaut.«[44] Hegels Argumentation versucht zu zeigen, dass, wenn nicht vom Anfang her begründet wird, d. h. mit der allgemeinsten Voraussetzung der Wissenschaft begonnen wird, man den Gegenstand der Wissenschaft und den wissenschaftlichen Begriff nicht zusammenbekommt. Der wissenschaftliche Begriff bleibt dann dem Gegenstand äußerlich, und der Gegenstand der Wissenschaft bleibt unbegriffen. Man kann diesen Zusammenhang nur dann begreifen, wenn gezeigt wird, wie etwas aus dem, was noch kein Dasein hat, geworden ist, in das Dasein übergegangen ist; wie also das, was nur gedacht wird, seine Realität in dem Dasein selbst hat und seine Elemente in diesem Dasein selbst vorfindet. Nur in der Reflexion auf die Wissenschaft kommt der Geist sozusagen aus den Gegenständen zurück zu sich selbst. Das ist ein Begriff von Wissenschaft, der an die Voraussetzung gebunden ist, dass das Gedachte auch der Sache nach übergeht in den Gegenstand der Wissenschaft, die Wissenschaft durch das Denken ihren Gegenstand bestimmt oder konstituiert. Konstitution heißt Verfassung. Es heißt nicht, dass der Gegenstand erzeugt wird, sondern es heißt nur, dass die Bestimmtheit des Gegenstandes erzeugt wird. Wenn aber die Bestimmtheit des Gegenstandes erzeugt wird und

44 Ebd., (vgl. HW 3, S. 29).

die Bestimmtheit des Gegenstandes den Gegenstand der Wissenschaft ausmacht, dann ist die Erzeugung der Bestimmtheit des Gegenstandes zugleich das Begreifen dieses Gegenstandes selbst. In diesem Begriff der Entäußerung des Geistes steckt zumindest ein Moment von Wahrheit. Jemand, der nicht produktiv denken kann, sondern versucht, die Begriffe gleichsam aus den Gegenständen abzulesen, nicht, sie sich aus den Problemen der Wissenschaft noch einmal zu erzeugen, wird weder die Wissenschaft noch den Gegenstand der Wissenschaft begreifen. Er wird nur noch lernen können.

7. Vorlesung

09.12.1980

Der Anfang hat seine Wirklichkeit in dem, was er nicht selbst ist, dessen Anfang er aber ist. Als unmittelbare Wirklichkeit ist der Anfang nie Anfang von Etwas, sondern nur selbst entweder ein Sein, ein Dasein oder ein Prinzip. Die Vermutung, dass das Dasein mehr sei als nur dies Dasein, dass es einen Grund habe, ist der Anfang aller Wissenschaft, wie immer dieser Grund des Daseins auch gedacht werden mag. Eine Weise, diesen Grund zu denken, ist die der ionischen Naturphilosophie, etwa der Philosophie des Thales von Milet, der den Grund des Daseins als Grundstoff alles Daseienden dachte, als Wasser; [45] allerdings nicht als das Wasser, das jeder im Eimer spazieren tragen kann, sondern als ἀρχή, als Prinzip, aus dem durch Verdichtung und Verdünnung entweder Festes oder Gasförmiges entsteht. Das Eis entsteht durch Verdichtung aus Wasser, und das Gasförmige, nämlich der Wasserdampf, entsteht durch Verdunstung des Wassers. Doch nicht nur das Eis und der Wasserdampf entstehen nach Thales unmittelbar aus dem Wasser, sondern alles Feste und Gasförmige, Erde und Luft, hatte das Wasser als Grundstoff. Durch diese Bestimmung ist das Wasser nicht mehr das Wasser, das man im Eimer hat, sondern es ist zum Prinzip geworden. Alle verschiedenen Aggregatzustände, die in der Erfahrung angetroffen werden können, fest, flüssig und gasförmig, waren damit auf denselben Grundstoff zurückgeführt. Wenn Sie heute in – populär kann man das

45 Vgl. die Darstellung bei Aristoteles: »*Thales*, der Urheber solcher Philosophie, sieht das Wasser als das Prinzip an […].« (Aristoteles, *Metaphysik*, übers. v. Hermann Bonitz, Reinbek bei Hamburg 1968, S. 16 (983b)).

schon gar nicht mehr nennen – vulgärwissenschaftlichen Darstellungen lesen, dass die Atome aus Protonen und Elektronen bestehen, handelt es sich um genau solche Prinzipien; πρῶτον heißt ›das Erste‹, und das πρῶτον des Thales war das Wasser. Da der Grundstoff invariant gegen seine Erscheinungsformen ist, macht es keinen Unterschied zu sagen, aus dem Wasser entstehe durch Verdünnung Luft oder aus der Luft entstehe durch Verdichtung Wasser und durch weitere Verdichtung Erde. Das Prinzip ist nicht für sich, sondern in dem, was empirisch fassbar ist. Das Prinzip ist für uns an sich, nämlich der Grundstoff, und zweitens ist es in anderem, seinen empirischen Erscheinungsformen, die nicht das Prinzip sind, sondern, nach Hegel, die Entäußerung des Prinzips. Der Grundstoff erscheint nie an ihm selbst oder erscheint nie selbst, sondern er erscheint immer in dem Anderen, dessen Grundstoff er ist. Um mich einer Formulierung zu bedienen, mit der Aristoteles erläuternde Beispiele anzeigt, sage ich, ich meine so: Der Aufbau eines Wasserstoffatoms aus Proton und Elektron mag an sich festliegen, aber dieser Aufbau ist für uns nicht mit der Lupe oder mit dem Mikroskop anzusehen. Wird aber das Wasserstoffgas stark erhitzt, so fängt es an zu leuchten, und man kann das so erzeugte Licht durch ein Prisma oder ein Gitter in die Spektralfarben zerlegen. Es zeigt sich dann, dass die Farbe des leuchtenden Wasserstoffgases bestimmt ist durch bestimmte, ganz genau festliegende Spektrallinien, deren Folge im Spektrum einer bestimmten Gesetzmäßigkeit unterliegt. Das unanschauliche Prinzip, in diesem Fall das Wasserstoffatom, ist das Erste, und die Entäußerung, in diesem Fall die Spektrallinien, ist das, was empirisch fassbar ist. Das, was empirisch fassbar ist, hat aber seinen Grund in diesem Ersten, das selber nicht empirisch fassbar ist. – Vielleicht haben die meisten von Ihnen noch so viel Chemie- oder Physikunterricht genossen, dass Sie eine Vorstellung davon haben, dass Wasserstoffatome ungeachtet dessen, dass man Ihnen davon schöne falsche Bildchen vorsetzt, die angeblich zeigen, wie so ein Ding nun beschaffen sei, nicht sichtbar sind, dass sie nur mittelbar erfasst werden können und der Aufbau des Wasserstoffatoms erschlossen worden ist aus der Gesetzmäßigkeit der Spektrallinien, die durch das oben beschriebene Verfahren entstehen. – Das Prinzip, das unmittelbar, nämlich als es selbst, empirisch nicht zu fassen ist, ist ein gedachter Gegenstand, der erst aus dem, worin er sich entäußert, erschlossen werden kann. Das zeitlich und der Sache nach Frühere ist für uns das Erschlossene, also das erkenntnistheoretisch Spätere, da die Wasserstoffatome nicht erst mit der Erkenntnis der Struktur der Wasserstoffatome in die Welt gekommen sind. – Alle Kosmologie geht davon aus, dass es ursprünglich ein Plasma aus Neutronen und Protonen gegeben habe und dass aus diesem ursprünglichen Plasma alles entstanden sei; ob diese Vorstellung sinnvoll ist oder nicht, möchte ich hier nicht erörtern. Diese Neutronen und Protonen entäußerten sich in die verschiedenen Elemente und über die verschiedenen Elemente in die empirisch fassbaren Gegenstände.

Erschlossen wird das der Sache nach Frühere, die Prinzipien, durch das Denken, das, wenn es sich selbst zum Gegenstand hat, die Selbsterkenntnis des Denkens, das Descartes'sche cogito, ist. Das Denken also erschließt mit den Prinzipien sich selbst, da die Prinzipien gedachte Gegenstände sind. Die Prinzipien aber sind nicht das Denken selbst, sondern von dem Denken durch den Unterschied unterschieden, und zwar durch den Unterschied von ›der Sache nach früher‹ – das ist das ontologische Prinzip – und ›erkenntnistheoretisch später‹, das ist dasselbe Prinzip, gefasst als ein erkenntnistheoretischer Reflexionsbegriff. Als erdachte Prinzipien sind diese Prinzipien der Sache nach »für sich selbst für sich«[46]. Sie brauchen nicht gedacht zu werden,

46 Hegel, *Phänomenologie des Geistes*, a. a. O., S. 28, (vgl. HW 3, S. 28), siehe Anmerkung 43.

um zu sein. Erkenntnistheoretisch sind sie nur für uns für sich, ihr Fürsichsein, ihre Selbständigkeit, ist durch die erkenntnistheoretische Reflexion begründet. Insofern die Prinzipien nicht gedacht zu werden brauchen, um zu sein, weil es Wasserstoffatome gab, ehe es eine Atomtheorie gab, sie also vom Denken unabhängig sind, sind sie das, was seinen Grund nicht im Denken hat, und das, was seinen Grund nicht im Denken hat, ist vom Denken radikal, nämlich der Wurzel nach, unterschieden. – Radix heißt ›Wurzel‹ und ›radikal‹ stammt davon ab, dass man einer Sache an die Wurzel geht. – Von diesem Grund her gesehen, der nicht im Denken liegt, sind die Prinzipien das absolute Anderssein des Denkens, nämlich das vom Denken radikal Verschiedene und damit das absolute Anderssein des sich auf sich beziehenden Denkens, des Selbstbewusstseins oder der Apperzeption. Als erschlossene dagegen sind dieselben Prinzipien erdachte, sind Resultate des spekulativen Denkens und nicht Abstraktionen aus einer empirisch fassbaren Wirklichkeit, und stehen darum, weil sie erdacht sind, unter der Einheit der Apperzeption, unter der logischen Einheit des Selbstbewusstseins, dem »*Ich denke*«, das »alle meine Vorstellungen [muß] begleiten *können*«[47].

Von daher lässt sich vielleicht der folgende Satz Hegels erklären. »Das *reine* Selbsterkennen im absoluten Andersseyn, dieser Aether *als solcher*, ist der Grund und Boden der Wissenschaft oder das *Wissen im Allgemeinen.*«[48] Ein vernünftiger Mensch würde fragen, was denn nun das reine Selbstbewusstsein im absoluten Anderssein sei. Es ist genau das, was ich Ihnen versucht habe darzustellen: Die Prinzipien sind unabhängig vom Denken, aber sie sind nur durch das Denken zu erschließen.

47 Kant, *Kritik der reinen Vernunft*, a. a. O., S. 140b (B 131 f.).
48 Hegel, *Phänomenologie des Geistes*, a. a. O., S. 28, (vgl. HW 3, S. 29).

Soweit sie durch das Denken zu erschließen sind, stimmen sie in einem Selbstbewusstsein mit diesem Selbstbewusstsein zusammen. Soweit die Prinzipien sind, ihren Existenzgrund nicht im Denken haben, sind sie vom Denken radikal unterschieden. Das Denken dieser Prinzipien ist das Selbsterkennen des Denkens im absoluten Anderssein, in dem, was von ihm radikal unterschieden ist. »Der Anfang der Philosophie macht die Voraussetzung oder Forderung, daß das Bewußtseyn sich in diesem *Elemente* befinde.«[49] In dem Elemente soll es sich befinden, in dem für das philosophierende Bewusstsein dieser Unterschied von Selbsterkenntnis und Existenzgrund der Prinzipien selbst gegenwärtig ist und zugleich gegenwärtig ist, dass diese Prinzipien für uns erschlossen sind. Damit sind die Grundbegriffe der Wissenschaft nicht das Selbstbewusstsein selbst, sondern das Selbstbewusstsein oder das »Selbsterkennen im absoluten Andersseyn«. Das Selbst erkennt sich in dem, was seiner Entstehung nach von ihm radikal verschieden ist, selbst wieder, weil nämlich diese Prinzipien nur durch Erschließen, also durch Denken zu erkennen sind. »Aber dieses Element« – nämlich dieses »*reine* Selbsterkennen im absoluten Andersseyn« – »erhält seine Vollendung und Durchsichtigkeit selbst nur durch die Bewegung seines Werdens.«[50] Es lässt sich ja nicht aufzeigen und auseinanderhalten: da sind die Prinzipien, dort ist die Selbsterkenntnis; sondern erst in der Reflexion auf das Verhältnis von erschlossenen Prinzipien, die gleichwohl ihrem Existenzgrund nach von dem, wodurch sie erschlossen werden, radikal verschieden sind, und der Selbstreflexion des Denkens ist überhaupt dieser »Aether *als solcher*, [...] der Grund und Boden« oder das »Element« der Wissenschaft zu bestimmen.

49 Ebd.
50 Ebd.

»Es ist die reine Geistigkeit, als das *Allgemeine*, das die Weise der einfachen Unmittelbarkeit hat«.[51] – Das gilt für beides: für das sich auf sich beziehende Denken des Descartes – das reine Denken ist dort der Grund der Gewissheit der Existenz –, und für die Prinzipien, die für uns erschlossene, erdachte Prinzipien und damit ihrerseits ein Geistiges sind. Das Ich ist sich seiner Existenz unmittelbar gewiss, und die Prinzipien, die von uns erdacht sind, sind ihrer Existenz nach unmittelbar, denn sie brauchen von sich und von ihrem Erkanntwerden nichts zu wissen. Beides hat also die Gestalt dessen, was Hegel reine Unmittelbarkeit[52] nennt. – »[...] dieß Einfache, wie es als solches *Existenz* hat« – nämlich sowohl das Selbsterkennen wie auch das Anderssein des Selbsterkennens in den vom Selbsterkennen radikal verschiedenen Prinzipien –, »ist der Boden, der Denken, der nur im Geist ist.«[53] – Es ist nur im Geist, weil es nur gedacht werden kann. Ich kann es Ihnen nicht an die Tafel malen oder durch den Projektor ein Bild davon an die Wand werfen lassen. – »Weil dieses Element, diese Unmittelbarkeit des Geistes, das Substantielle überhaupt des Geistes ist, ist sie die *verklärte Wesenheit*, die Reflexion, die selbst einfach, die Unmittelbarkeit als solche für sich ist, das *Seyn*, das die Reflexion in sich selbst ist.«[54] Das Sein, das seine Reflexion in sich ist, ist auf der Seite des Selbsterkennens eben die Selbstgewissheit des denkenden Ichs, die Descartes erschließt. Das Sein, das seine Reflexion in sich ist, ist auf der Seite der von dem Denken radikal unterschiedenen Prinzipien eben das Prinzip, das nur Prinzip ist, wenn es zu einem Anderen wird, in dem es für das

51 Ebd.
52 Bulthaup gibt hier die Formulierung in freier Rede wieder. Gemäß dem obigen Hegelzitat müsste es »einfachen Unmittelbarkeit« lauten.
53 Ebd.
54 Ebd.

Denken fassbar wird. Wenn das Prinzip nicht zu einem Anderen wird, dessen Prinzip es ist, so ist es ein Prinzip, das keine Wirklichkeit hat, weil aus diesem Prinzip kein Dasein, nichts empirisch Fassbares geworden ist. Die beiden Bestimmungen, die, wie Hegel sagt, unterschieden seien, sind beide, sowohl das Ich, das denkt, als auch das Prinzip, das ist, ihrer Existenz nach zunächst einmal unmittelbar. Zugleich ist die Unmittelbarkeit ihrer Existenz erschlossen; bei Descartes aus der Reflexion auf den radikalen Zweifel, die erst die Gewissheit der Existenz des denkenden Ichs ergab; auf der Seite der Prinzipien dadurch, dass sie nur ein Anfang sind, der sich, um Anfang zu sein, in einem Anderen entäußern muss.

Die Stelle des Zitates, in der »das *Seyn*« der gedachten Prinzipien »die Reflexion in sich selbst« und »für sich ist«, kann leicht missverstanden werden. Die Reflexion des der Sache nach Ersten, des Prinzips, in sich heißt, es ist Prinzip nur in dem, was selbst nicht Prinzip ist, in den empirisch fassbaren Gegenständen. Die Entäußerung aber, durch die das Prinzip erst zu einem Prinzip von Etwas wird, liegt in diesem Prinzip selbst, nicht in der erkenntnistheoretischen Reflexion, sondern die erkenntnistheoretische Reflexion muss immer voraussetzen, dass dieses Prinzip sich schon entäußert hat, dass die Wissenschaft schon einen bestimmten Gegenstand hat, der bestimmten Gesetzmäßigkeiten unterliegt. Als ein unmittelbar Seiendes, ohne sich zu entäußern, wäre es ein Prinzip ohne Dasein, ein leeres Gedankending – das, was bei Kant ein ens rationis[55] ist –, also ein bloß gedachtes Seiendes wie der Anfang, der bei sich selbst bleibt und als Anfang von nichts Anderem als von ihm selbst Anfang von Nichts und eben damit nicht Anfang wäre. Hegel versucht nicht, den Unterschied von der Sache nach Früherem

55 Vgl. Kant, *Kritik der reinen Vernunft*, a. a. O., S. 332 f. (B 347 f. | A 291 f.).

und, weil erschlossen, erkenntnistheoretisch Späterem, der in der Bestimmung des Prinzips selbst liegt, zu überbrücken, sondern er sagt, dieser Unterschied sei selbst notwendig. Der Unterschied folgt daraus, dass das Prinzip keine Wirklichkeit hat, wenn es sich nicht entäußert, und erschlossen werden kann es von uns erst aus dem, worin es sich entäußert hat; genau wie die Struktur des Wasserstoffatoms erst aus den Spektrallinien erschlossen werden kann. Hegel führt also weder das Prinzip auf das Denken zurück, indem er es als gedachtes bestimmt, noch führt er das Denken zurück auf das Prinzip, als Selbstbewusstsein des Prinzips, sondern er bestimmt diese Differenz als notwendig, weil es das Prinzip nur gibt, wenn es das Prinzip von etwas ist, was nicht selbst dieses Prinzip ist. Die für die Erkenntnistheorie unüberbrückbare Differenz von ontologischem, der Sache nach früherem Prinzip und erdachtem, erschlossenem, für die Erkenntnistheorie also späterem Prinzip, erklärt Hegel für eine Bestimmung, die von der Sache selbst herrühre und die, weit entfernt davon, die Einheit von absolutem Anderssein und Selbsterkenntnis zu verhindern, diese Einheit erst ermögliche. Das ist das Zentrum des Hegel'schen Begriffs von Wissenschaft. Hegel kritisiert nicht die Differenz von ontologisch Früherem und erkenntnistheoretisch Späterem, sondern zeigt, dass diese Differenz selbst die Voraussetzung aller Erkenntnis ist und von der Sache herrührt, nämlich von dem Unterschied in der Sache, dem zwischen Prinzip und Prinzipiatum, also dem zwischen Prinzip und dem Anderen, worin sich das Prinzip entäußert. Diese Bestimmung der Sache selbst, die in der Erkenntnistheorie als der unaufhebbare Unterschied von Ontologie und Erkenntnistheorie erscheine, sei die Voraussetzung aller Erkenntnis, die mehr sei als bloße Selbsterkenntnis. Das aber, was über die bloße Selbsterkenntnis hinausgehe, ermögliche erst die Selbsterkenntnis, die sonst nur die Erkenntnis des Denkens, das nichts denkt als sich selbst, und das eben darum Erkenntnis von nichts sei.

Hegel nimmt hier ein Argument von Kant auf, der sagt, dass ohne ein Bewusstsein von den Dingen außer mir kein Selbstbewusstsein möglich sei.[56]

In der Vorlesung vom 28.10. habe ich vermutet, dass Ihnen durch meinen Vortrag nicht ohne weiteres einsichtig zu machen sei, wie denn nun empirischer Gegenstand, das allgemeine Schema dieses Gegenstandes und die substantielle Form zu diesem Schema, also das Prinzip des Gegenstandes auf der einen Seite und das erkennende Subjekt auf der anderen Seite zusammenhingen. Das, was Sie sich vielleicht bei diesem Zugeständnis als Erklärung dafür vorgestellt und von ihr versprochen haben, nämlich die Rückführung der Erkenntnis auf ein in sich begründetes Erstes, durch die die erkenntnistheoretischen Zweifel an der Objektivität der substantiellen Formen behoben würden, ist so nicht einzulösen, weil gerade der Unterschied in der Sache selbst, der von Prinzip und dem, was durch das Prinzip begründet wird, sowohl die Voraussetzung aller Erkenntnis ist, als auch innerhalb der Erkenntnistheorie den Unterschied von Ontologie und Erkenntnistheorie erst begründet. – Der Unterschied von Ontologie und Erkenntnistheorie verdankt sich selbst der erkenntnistheoretischen Reflexion. Parmenides hatte Denken und Sein umstandslos in eins gesetzt und kam überhaupt nicht auf die Idee, erkenntnistheoretisch zu reflektieren, ob diese Gleichsetzung richtig oder unter welcher Voraussetzung sie richtig sei. Erkenntnistheorie gab es erst dann, als die Ontologie, die das historisch Vorhergehende war, angezweifelt wurde, also als Kritik der Ontologie. – Diesen Unterschied von Ontologie und Erkenntnistheorie durch einen Beweis der Objektivität der substantiellen Formen zum Verschwinden zu bringen, – ein Beweis lässt den Unterschied von Voraussetzungen und Resultat des Beweises verschwinden, da er darauf beruht nachzuweisen, dass

56 Siehe Anmerkung 38.

beides logisch übereinstimmt –, hieße, die Objektivität der substantiellen Formen zu begründen unabhängig von dem, was sie nicht selbst sind, woran sie aber laut Hegel ihre Wirklichkeit, ihr Dasein haben. Dann aber würden die substantiellen Formen unabhängig von den empirischen Gegenständen begründet und von der Theorie gefordert, sie müsse nicht nur die substantiellen Formen und deren Objektivität begründen, sondern auch noch die Gegenstände, deren Formen sie sind. Diese Forderung liefe darauf hinaus, gewissermaßen in der Theorie die Materie herzustellen oder zu sein wie Gott. Dazu möchte ich Ihnen die Verse 1 und 3 aus dem 1. Kapitel des Evangeliums des Johannes vorlesen. »Im Anfang war das Wort« – Wort heißt im griechischen Text λόγος, also zugleich das vernünftige Wort –, »und das Wort war bei Gott, und Gott war das Wort. [...] Alle Dinge sind durch dasselbe gemacht« – nämlich durch das Wort –, »und ohne dasselbe ist nichts gemacht, was gemacht ist.«[57] Dass ohne das Wort nur die Finsternis sei, die unabhängig von dem Wort und Gott war und das Licht des Wortes nicht aufnehmen wollte, kennzeichnet noch in dem streng neuplatonistischen Evangelium des Johannes Rudimente von Materialismus. Ein guter Hegelianer könnte sagen, dass noch der Alternative, entweder zeigen zu müssen, wie die substantiellen Formen und durch sie die Gegenstände werden, oder aber unglaubwürdig zu sein, der Unterschied von Ontologie und Erkenntnistheorie zu Grunde liege, und dieser Unterschied fiele in die Erkenntnistheorie, habe seinen Grund aber nicht in der Erkenntnistheorie, sondern in dem Unterschied der Sache selbst, dem zwischen dem Prinzip und der Wirklichkeit des Prinzips. Entstanden ist dieser Unterschied von Ontologie und Erkenntnistheorie in der

57 *Johannes 1*, 1 u. 3, in: *Die Bibel oder die ganze heilige Schrift des Alten und Neuen Testaments*, nach der deutschen Übersetzung Martin Luthers, American Bible Society, New York 1943, S. 106.

Erkenntnistheorie aus der Kritik am Absolutismus der Ontologie, die die substantiellen Formen als wahr behauptete, ohne zu zeigen, wie man zu ihnen kommt. Die Kritik am Absolutismus der Ontologie hat aber die Ontologie zur Voraussetzung, die sie als ihre logische Voraussetzung nicht durch die Kritik an ihr loswird, weil sie dann in denselben Fehler verfiele, den sie der Ontologie vorwirft. Der Ontologie wird vorgeworfen, dass sie das, was erschlossen ist, für unabhängig unterstellt, erstens von dem, woraus es erschlossen ist, von der empirischen Realität, und zweitens vom Schlussverfahren, durch das es erschlossen ist, und behauptet, die substantiellen Formen seien allein durch das Wort Gottes entia a se, Seiende an sich. Denselben Fehler wiederholt die radikale Erkenntniskritik, wenn sie die Voraussetzung, an der sie sich entzündete, einfach verwirft und behauptet, als reine Erkenntnistheorie autark, a se zu sein, ohne Voraussetzung, von der sie als von dem Gegenstand ihrer Kritik abhängt.

Eine von dieser Erkenntnistheorie abgeleitete Gestalt ist die Methodologie, die über Methoden urteilt unabhängig von dem Gegenstand der Wissenschaft, in der diese Methoden angeblich erfolgreich sind. Das ennuyierende – das Wort lässt sich schlecht übersetzen, das, was ennuyiert, langweilt einen nämlich nicht nur, sondern es ›nervt‹ einen auch – Verfahren der Lehre, die Methode, wie es heißt, auszuweisen, indem man erst einmal alle möglichen ›Ansätze‹ diskutiert, mit denen der Gegenstand erfasst werden soll, ehe dieser Gegenstand selbst dargestellt wird, hat dann die leere Forderung, inhaltlich zu werden, zur Folge, als ließe der Inhalt unabhängig von der Form, die er für das Denken hat und die dann als Methode sich verselbständigt hat, sich darstellen. Auch das ist ein Rückfall in den Fehler der Ontologie, denn wenn der Inhalt selbst eine Entäußerung des ihm zu Grunde liegenden Prinzips ist und das Prinzip nur durch das Denken zu erfassen ist, dann ist die Forderung nach dem Inhalt eine danach, das Prinzip zu unterschlagen, was sich meistens dadurch rächt, dass die Forderung nach dem Inhalt auf eine nach ›Inhaltlichkeit‹ heruntergebracht wird. Die ›Inhaltlichkeit‹ lässt dann von dem Inhalt keine andere Bestimmtheit mehr zu als eben die, Inhalt ohne jede weitere Bestimmung zu sein. Dass überhaupt das schöne deutsche Adjektiv »inhaltlich« gebildet wurde, zeigt schon an – zumindest den Ohren, die für die Sprache noch etwas empfindlich sind –, dass der Begriff oder die Form des Inhalts von diesem getrennt ist und der Prozess der Formalisierung unter dem Titel ›Inhaltlichkeit‹ noch das der Formalisierung subsumieren soll, was der Form als ihr Inhalt zunächst entgegengesetzt wurde. Deshalb läuft die Forderung, man müsse nun mal inhaltlich werden, dann auch völlig ins Leere. Ihr geht es dabei nicht um eine bestimmte Sache, von der zu bestimmen wäre, was sie sei und was es mit ihr auf sich habe, sondern es ist eine leere Phrase zu sagen, man wolle inhaltlich werden, in der die Inhaltlichkeit selbst die leere Form eines unter dieser Form subsumierten Inhaltes ist, der selbst aber gar nicht mehr zur Sprache kommt. Wenn sich dann Leute – meistens aus dem akademischen Bereich – sehr viel auf ihre Sensibilität, ihre ›Neue Sensibilität‹ und Erfahrungsfähigkeit zugutehalten, so ist dem entgegenzuhalten, dass sie die Fähigkeit, die Bedeutung von Wörtern, von Urteilen, von Sätzen und überhaupt die Bedeutung von Sprache zu erfahren, fast restlos eingebüßt haben; wären sie nämlich hinsichtlich ihrer Sprache noch sensibel und in der Lage zu erfahren, was Sprache ist, so würden sie ihren eigenen Jargon nicht fünf Minuten ertragen. – Wird die Form bloß subjektiv, als gedachte Form, am Ende als Methode aufgefasst und der Inhalt als objektiv, als gegeben, dann sind Bewusstsein und Gegenstand einander entgegengesetzt, das Bewusstsein ist nicht der Gegenstand und auch nicht das Bewusstsein des Gegenstandes, denn der Gegenstand kommt weder zum Bewusstsein, noch wird das Bewusstsein zum Gegenstand.

8. Vorlesung

16.12.1980

Die Frage nach dem Grund, aus dem das Bewusstsein den Gegenstand der Wissenschaft adäquat erfassen kann, trennt schon Bewusstsein und Gegenstand, ist schon selbst ein Bewusstsein von dem Unterschied von Bewusstsein und Gegenstand und weiß das Bewusstsein auf der einen und den Gegenstand auf der anderen Seite des problematischen Verhältnisses von Bewusstsein und Gegenstand. In dem Augenblick, wo gefragt wird, wieso eigentlich Formen des Bewusstseins oder Gedankenbestimmungen den Gegenständen adäquat sein können, die durch sie in der Wissenschaft erfasst werden, gibt es schon ein Bewusstsein von diesem Unterschied, weil man damit nach einer Relation fragt und diese Relation zwei Seiten hat. Indem das Bewusstsein dieses problematische Verhältnis von Formen des Bewusstseins, Begriffen, und Gegenständen reflektiert, weiß sich das Bewusstsein als etwas anderes als seinen Gegenstand. In der Vorrede der *Phänomenologie des Geistes*, anschließend an das, was Gegenstand der letzten Vorlesung war, heißt es: »Wenn der Standpunkt des Bewußtseyns, von gegenständlichen Dingen im Gegensatze gegen sich selbst, und von sich selbst im Gegensatze gegen sie zu wissen, der Wissenschaft als das *Andere*, – das, worin es sich bei sich selbst weiß, vielmehr, als der Verlust des Geistes gilt, – so ist ihm dagegen das Element der Wissenschaft eine jenseitige Ferne, worin es nicht mehr sich selbst besitzt. Jeder von diesen beiden Theilen scheint für den anderen das Verkehrte der Wahrheit zu seyn. Daß das natürliche Bewußtseyn sich der Wissenschaft unmittelbar anvertraut, ist ein Versuch, den es, es weiß nicht von was angezogen, macht, auch einmal auf dem Kopfe zu gehen; der Zwang, diese ungewohnte Stellung anzunehmen und sich in ihr zu bewegen, ist eine so unvorbereitete als unnöthig scheinende Gewalt, die ihm angemuthet wird, sich anzuthun.«[58] Die Wissenschaft weiß, dass dieses Bewusstsein von dem Unterschied zwischen Bewusstsein und seinem Gegenstand in die Erkenntnistheorie fällt und in der Erkenntnistheorie die verkehrte Gestalt eines Unterschieds an der Sache selbst ist. Verkehrt ist diese Gestalt des Unterschieds der Sache selbst, weil dieser Unterschied erscheint als ein Unterschied von Theorien, von Ontologie und Erkenntnistheorie, und nicht als ein Unterschied an der Sache selbst. Diese verkehrte Gestalt des Unterschieds, der an der Sache selbst gesetzt ist, beschränkt das Bewusstsein auf sich selbst, denn es hat in der erkenntnistheoretischen Untersuchung von Theorien immer nur mit dem zu tun, was es selbst schon hervorgebracht hat. Das Bewusstsein hat in dieser Beschäftigung mit den eigenen Resultaten seinen Geist aufgegeben, denn der Geist ist, nach Hegel, das, was nicht bei sich selbst bleibt; er ist das reine Selbsterkennen im absoluten Anderssein. Das Bewusstsein, das sich gegen das Anderssein seines Gegenstandes behauptet, verliert mit diesem Gegenstand seine Substanz, das, was ihm selbst zu Grunde liegt. Die Vorstellung, sich selbst im absoluten Anderssein zu erkennen, ist ihm unendlich fern, weil es in der erkenntnistheoretischen Reflexion immer nur sich selbst erfasst, nicht seinen Gegenstand, nie das Selbst, die reine Selbsterkenntnis im absoluten Anderssein. Die Selbsterkenntnis erscheint so der gegenständlichen Erkenntnis entgegengesetzt, und die Entäußerung erscheint als der Verlust des Selbsts.

Im akademischen Lehrbetrieb erscheint dieses Verhältnis in der Gestalt, dass gefordert wird, erst einmal müsse der

58 Hegel, *Phänomenologie des Geistes*, a.a.O., S. 29, (vgl. HW 3, S. 30).

Gegenstand, eine Theorie, im Referat dargestellt werden und dann dürfe das Bewusstsein der Studenten sich auch noch an dem Gegenstand versuchen, indem es eine Stellungnahme zu dem Gegenstand, auch ›kritische Würdigung‹ genannt, abgibt. Das Urteil über die Theorie müsse von der Darstellung getrennt sein. Nun sind aber Argumentationen, die in sich logisch falsch sind, nicht zu verstehen; man kann sie vielleicht referieren, indem man aufzählt, was der und der gesagt hat, aber dann handelt es sich um lauter Paraphrasen, die unverständlich bleiben, weil falsche Gedanken schlechtweg nicht zu verstehen, also auch nicht nachzudenken sind. Ist die zu referierende Theorie falsch, enthält sie falsche Argumente, dann ist die Aufforderung, diese Theorie zu referieren, eine Aufforderung, dies gedankenlos zu tun. Dadurch erscheint dann die Darstellung einer solchen Theorie als Wiedergabe von etwas, das weder mit Gedanken noch mit Selbsterkenntnis etwas zu tun hat, genau wie hernach die Würdigung des Referierten zwar mit dem jeweils eigenen Standpunkt zu dem Referierten zu tun hat, aber weder mit dem Gegenstand, der der Sache nach von der Würdigung unberührt bleibt, noch mit der Erkenntnis des Referenten, dem diese Würdigung abverlangt wird; die Würdigung selbst bleibt leer, weil sie vom Gegenstand getrennt bleibt. Sie werden aus Seminardiskussionen kennen, dass häufig niemand fragt, ob ein Argument richtig sei oder nicht, sondern dass entweder Argumente klassifiziert werden – z. B. danach, ob etwas bürgerliche Wissenschaft sei oder nicht – oder dass nach den Motiven dessen gefragt wird, der das Argument vorträgt, wobei diese Motive aber mit der Sache selbst nichts zu tun zu haben brauchen. Die Vorstellung, intellektuell für das einstehen zu müssen, was er vorträgt, versetzt noch fast jeden deutschen Universitätsprofessor, und nicht nur den, in Panik.

Dazu möchte ich Ihnen noch eine Anmerkung vortragen. Wenn Politiker sich einmal nicht hinter das, was sie nicht zu vertreten haben, nämlich hinter Sachzwänge zurückziehen können und etwas vortragen, von dem sie meinen, sie würden sich möglicherweise damit unbeliebt machen, dann geben sie als Grund für ihre Äußerung an, sie wollten durch diese Äußerung glaubwürdig bleiben oder erst werden. Glaubwürdigkeit ist also das τέλος, das Ziel, um dessentwillen etwas vorgetragen wird. Die Glaubwürdigkeit erscheint dann als eine Eigenschaft von Personen, die durch solche Veranstaltungen erst hergestellt werden soll. Nicht also, dass man jemandem auch einmal etwas glauben könnte, ohne es selbst überprüft zu haben, weil man weiß, dass derjenige sonst die Wahrheit sagt, sondern dass jemand etwas sagt – vielleicht zufällig sogar die Wahrheit –, um glaubwürdig zu erscheinen, ist der Sinn solcher Veranstaltungen. Die Wahrheit ist dann ersetzt durch die Glaubwürdigkeit, die doch ihren Grund nur in der Wahrheit haben könnte, und Glaubwürdigkeit wird zu einem von der Wahrheit unabhängigen τέλος, zu einer Eigenschaft von Menschen. Dieser faule Zauber wird dann noch mit dem Pathos unerschrockener Aufrichtigkeit verkauft. Das ist genau derselbe Gestus eines unbestechlichen Urteils, der auch die Würdigung charakterisiert, die sich in aller zur Schau getragenen Unbestechlichkeit auf Wahrheit oder Unwahrheit dessen, was da gewürdigt wird, erst gar nicht einlässt. Studenten, die von Hause aus ja keine dummen Menschen sind, auch dann nicht, wenn ihre Ausbildung heute durchgängig als Anleitung zur Verblödung zu erkennen ist, durchschauen oft diesen Schein von Aufrichtigkeit und erkennen ihn als Bluff, um dann aber sofort die Auffassung derjenigen zu teilen, denen sie auf die Schliche gekommen sind, wenn sie nun die Wissenschaft selbst insgesamt als Bluff auffassen, als Veranstaltung zum Zweck der Selbstdarstellung der Wissenschaftler und nicht zum Zweck der Darstellung der Sache selbst. Die Kritisierten sind mit ihren Kritikern darin einig, dass das, was Hegel als das Element der Wissenschaft bestimmt, in jenseitiger Ferne liegt, von der vielleicht Scholastiker im fernen Mittelalter sich hätten einbilden können, sie bewegten sich in diesem Element, von dem aber ein moderner Mensch zu wissen hat, dass es in unerreichbarer Ferne liegt. »Wenn der Standpunkt des Bewußtseyns, von gegenständlichen Dingen im Gegensatze gegen sich selbst, und von sich selbst im Gegensatze gegen sie zu wissen, der Wissenschaft als das *Andere*«, – der Wissenschaft also gilt dieser Standpunkt als das Andere – » – das, worin es sich bei sich selbst weiß, vielmehr, als der Verlust des Geistes gilt«, – der Wissenschaft gilt genau das Bewusstsein, das nur sich bei sich selbst weiß, als Verlust des Geistes, weil dieses Bewusstsein sich immer nur auf sich bezieht und darum diesem Bewusstsein alles andere nur Vorwand oder Mittel zu seiner Selbstdarstellung ist – » – so ist ihm dagegen das Element der Wissenschaft eine jenseitige Ferne, worin es nicht mehr sich selbst besitzt.«[59] Diese Gestalt der Wissenschaft, die Hegel hier beschreibt, die zum Vorwand der Selbstdarstellung des Bewusstseins der Wissenschaftler geworden ist, bekommt Angst, sich als dieses Bewusstsein nicht mehr selbst zu besitzen in dem Augenblick, in dem es sich auf eine Sache einlässt.

Dass die Wahrheit nicht erkannt werden könne, ist die Überzeugung der Wissenschaftler, die auf den Standpunkt des Bewusstseins sich beschränken, von dem aus dieses Bewusstsein die Gegenstände sich entgegengesetzt weiß. Die Hegel'sche Vorstellung von dem Element der Wissenschaft erscheint diesen Wissenschaftlern als unwissenschaftlicher Dogmatismus, als das Verkehrte der Wahrheit; wohingegen nach Hegels Auffassung der Wissenschaft eben dieser Standpunkt des Bewusstseins als das Verkehrte der Wahrheit erscheint insofern, als in diesem Standpunkt das reine Selbsterkennen vom absoluten Anderssein, in dem es statthaben soll, getrennt wird. Es muss nicht

59 Ebd.

nur das reine Selbsterkennen sein, es kann auch die gegenüber dem Gegenstand verselbständigte Methode sein, die selbst zum einzig wesentlichen Gegenstand der Wissenschaft wird. Seit etwa die Gesellschaftswissenschaften keinen Gegenstand mehr haben, häufen sich die Kongresse, auf denen dann ausführlich Diskussionen veranstaltet werden, die nur noch die Methode zum Gegenstand haben. Genau das fällt zurück auf den Standpunkt, den Hegel charakterisiert als denjenigen des Bewusstseins, das sich im Gegensatz zu seinen Gegenständen und die Gegenstände im Gegensatz zu ihm selbst weiß. Im Übrigen kann ich es mir nicht verkneifen, Sie auf die Realdefinition des Standpunktes, wie der Mathematiker Hilbert sie gegeben hat, zu verweisen: Ein Standpunkt ist ein Gesichtskreis mit dem Radius Null.[60] Das entspricht genau dem, was Hegel unter der Beschränkung des Bewusstseins auf sich selbst versteht.

Dem Bewusstsein, das eine naive Vorstellung von sich selbst hat, erscheint es als Zumutung, sich mit Begriffen, mit Gedankendingen, zu beschäftigen statt mit wirklichen, empirisch fassbaren Dingen. Eine Reaktion auf solche Zumutung ist die, sich die Begriffe zu übersetzen in empirisch fassbare Dinge, das Selbsterkennen also unmittelbar mit dem absoluten Anderssein zu identifizieren. Wird diese Verwechslung erkannt, so ist der Reflexion auf diese Verwechslung der Boden unter den Füßen weggezogen, und es erscheint dem nun nicht mehr ganz so naiven Bewusstsein so, als solle es auf dem Kopf gehen, als sei die Wirklichkeit, mit der es sich beschäftigen solle, die Wirklichkeit von Gedankendingen, von Begriffen. Die Entwicklung der

60 Bulthaup gibt hier paraphrasierend folgende Sätze, die dem Mathematiker David Hilbert zugeschrieben werden, wieder: »Es gibt viele Leute mit einem geistigen Horizont vom Radius Null. Den nennen sie dann ihren Standpunkt.« Vgl. etwa *Der Querschnitt*, Jg. XI, Ausgabe 2, 1931, hrsg. v. Hermann von Wedderkop, S. 134.

Vorstellung von Wissenschaft, sagt Hegel, sei eine, in der diese Extreme, Selbsterkenntnis und absolutes Anderssein, durch die Reflexion auf ihren Unterschied in Bewegung gebracht würden. – Einer der sehr bekannt gewordenen Sätze von Marx ist der, er wolle Hegel vom Kopf auf die Füße stellen.[61] Es ist wohl nicht ganz ausgeschlossen, dass Marx dabei an diese Stelle gedacht hat, in der Hegel sagt, die Wissenschaft erscheine dem naiven Bewusstsein als die Zumutung, auf einmal auf dem Kopfe zu gehen.

»Die Wissenschaft sey an ihr selbst, was sie will, im Verhältnisse zum unmittelbaren Selbstbewußtseyn stellt sie sich als ein Verkehrtes gegen dieses dar, oder weil dasselbe in der Gewißheit seiner selbst das Princip seiner Wirklichkeit hat, trägt sie, indem es für sich außer ihr ist, die Form der Unwirklichkeit.«[62] Hegel sagt, was immer der Inhalt der Wissenschaft sei, sie erscheine, soweit sie einen bestimmten Inhalt habe, also überhaupt auf Gegenstände gehe, im Selbstbewusstsein als das Verkehrte der Wahrheit, weil die Wahrheit des Selbstbewusstseins wieder nur das Selbstbewusstsein sei und die Gewissheit des Selbstbewusstseins – auch hier handelt es sich um eine Descartes-Interpretation –, die Gewissheit des ›Ich denke, also bin ich‹, die Gewissheit des Prinzips der Wirklichkeit des Selbstbewusstseins sei. Bei Descartes war das Selbstbewusstsein dadurch gewonnen worden, dass alles, worauf sich dieses Bewusstsein als auf seinen Gegenstand hätte beziehen können, unter Zweifel gestellt worden war. Übrig war nur die Gewissheit der Wirklichkeit des ›Ich denke‹ geblieben, das aber nichts Bestimmtes mehr denken,

61 Vgl. Marx, *Das Kapital. Kritik der politischen Ökonomie. Erster Band*, in: MEW 23, Berlin 1973, S. 27. Vgl. ferner Friedrich Engels, *Ludwig Feuerbach und der Ausgang der klassischen deutschen Philosophie*, in: MEW 21, Berlin 1972, S. 259–307, hier: S. 293.

62 Hegel, *Phänomenologie des Geistes*, a.a.O., S. 29, (vgl. HW 3, S. 30).

sondern nur noch sich selbst zum Gegenstand haben konnte. Hegel sagt, von dieser Gewissheit aus erscheine jeder Gegenstand der Wissenschaft, soweit er adäquat durch den Begriff erfasst sei, als das Unwirkliche, und als dies Unwirkliche erschienen dann die Begriffe selbst, da sie nichts bezeichneten, was man unmittelbar anfassen, sehen, hören oder riechen könne. »Sie hat darum solches Element mit ihr zu vereinigen«. – Als das Erste ist das Selbstbewusstsein sich selbst die alleinige Wirklichkeit; es ist aber leer unabhängig von seiner Beziehung auf die Gegenstände der Wissenschaft. Als leeres ist es zugleich unwirklich. Es hat aber daran, dass es an sich selbst seine alleinige Wirklichkeit hat, zugleich das Bewusstsein seiner Unwirklichkeit. – »Sie hat darum solches Element mit ihr zu vereinigen oder vielmehr zu zeigen, daß und wie es ihr selbst angehört.«[63] – Die Wissenschaft hat zu zeigen, dass und wie die Wirklichkeit außerhalb des Bewusstseins ihr selbst angehört. – »Als solcher Wirklichkeit entbehrend ist sie nur der Inhalt, als das *Ansich*, der *Zweck*, der erst noch ein *Inneres*, nicht als Geist, nur erst geistige Substanz ist.«[64]

– Der Geist ist für Hegel das Selbsterkennen im absoluten Anderssein. Die Substanz des Geistes ist bloß das Selbsterkennen, das in sich selbst erkennend zugleich seine eigene Unwirklichkeit erkennt, weil es in sich selbst leer ist. – »Dieß *Ansich* hat sich zu äußern und *für sich* selbst zu werden, dieß heißt nichts anderes, als dasselbe hat das Selbstbewußtseyn als eins mit sich zu setzen.«[65] – Als »eins mit sich zu setzen« heißt, dass das Selbstbewusstsein gesetzt wird als eins mit der Erkenntnis der Gegenstände. Die Hegel'sche Formulierung ist oft missverstanden worden, so, als sei erst das Bewusstsein und dann

63 Ebd.
64 A. a. O., S. 29 f., (vgl. HW 3, S. 30 f.).
65 A. a. O., S. 30, (vgl. HW 3, S. 31).

die Selbsterkenntnis dieses Bewusstseins der Grund, von dem ausgegangen werde, und das, was in allem als dieser Grund sich erhalte. Doch das wäre ja nur möglich, wenn dieses Selbsterkennen oder dieses Bewusstsein, das sich selbst erkennt, sich zum Grund seines Andersseins machte und aus sich hervorbrächte, was es selbst nicht ist. Die erkenntniskritische Reflexion, die das unterstellt, kritisiert dann, dass das Bewusstsein doch nur seine eigenen Produkte hervorbringe und in seinen eigenen Produkten immer nur sich selbst erkenne. Nicht durch den Begriff einer Sache werde die Sache erkannt, sondern in dem Begriff immer nur das, was diesen Begriff gemacht oder gesetzt habe. – Für Hegel aber wird das Selbstbewusstsein erst wirklich, indem es nicht Selbstbewusstsein bleibt, sondern sich in die Gegenstände versenkt, ebenso wie der Anfang bei Hegel erst wirklich wird, indem er nicht Anfang bleibt. Wirft man Hegel Idealismus vor, entweder weil er alles aus dem Bewusstsein erkläre – das wäre subjektiver Idealismus – oder weil er alles aus dem Geist erkläre – das wäre objektiver Idealismus –, so könnte Hegel antworten, dass gerade dieser Vorwurf den Geist als bloße Substanz nehme und nicht als Wirklichkeit, denn die Wirklichkeit des Geistes sei eben das Selbsterkennen im absoluten Anderssein, die Kritik aber nehme den Geist als etwas für sich selbständiges, als die bloße Substanz, als die der Geist noch gar keine Wirklichkeit habe. Die Wirklichkeit des Geistes liegt aber erst in dem, worin er nicht nur Substanz des Geistes bleibt, sondern zu dem wird, was Hegel als Geist bezeichnet, nämlich zur Selbsterkenntnis im absoluten Anderssein. – Das ist ein Modell dafür, was unter dem Titel »Bewegung des Begriffs«[66] vorzustellen ist.

66 Hegel, *Phänomenologie des Geistes*, a. a. O., S. 36, 41, 530, (vgl. HW 3, S. 38 f, 43, 507). Vgl. auch S. 64: »Selbstbewegung des Begriffs«, (vgl. HW 3, S. 65). Ferner in der *Wissenschaft der Logik. Erster Teil. Die objektive Logik*, a. a. O., S. 259, (vgl. HW 5, S. 247)

Das Selbstbewusstsein kann nicht bei sich selbst bleiben, weil es bei sich selbst bleibend nicht einmal Selbstbewusstsein wäre, es muss sich entäußern in einem Anderen, um überhaupt zu sich zu kommen, also zu einem Selbstbewusstsein zu werden. Die Bewegung des Selbstbewusstseins ist seine Wirklichkeit, und die Bewegung des Selbstbewusstseins ist die seiner Geschichte, wie auch die Bewegung der Wissenschaft die Wirklichkeit dieser Wissenschaft und ihre Geschichte ist.

Mir scheint diese Darstellung für eine Vorlesung zur Einführung in die Philosophie insofern geeignet, als sie fassbar sein müsste. Das hindert Hegel-Spezialisten nicht daran, lange Diskussionen darüber anzuzetteln, ob denn nun die Bewegung des Begriffs eine in Raum und Zeit sei oder wie etwa die Bewegung des Begriffs zu denken sei, wenn der Begriff nicht wie ein Bumerang oder sonst etwas dergleichen im Hörsaal herumfährt. Es hat auf den letzten Hegel-Kongressen solche Diskussionen gegeben, die in den *Hegel-Studien* dokumentiert sind. Wie weit sich solche Diskussionen über Hegel von Hegel entfernt haben, lässt auch erkennen, wie wenig Hegel noch Gegenstand der philosophischen Wissenschaft ist, die selbst kaum eine Wissenschaft mehr ist. Fassbar ist das, was Selbstbewusstsein oder Selbsterkenntnis heißt, nicht für sich, sondern nur in seiner Wirklichkeit, in dem, worin es sich entäußert, also in der Geschichte des Selbstbewusstseins. Das soll nun nicht heißen, dass die Erkenntnis in der Philosophie durch die Kenntnis der Geschichte der Philosophie ersetzt werden kann, sondern dass in der Geschichte der Philosophie das Bewusstsein des Verhältnisses von Selbstbewusstsein und absolutem Anderssein sich erst entwickelt. Man kann die Geschichte einer Wissenschaft

sowie *Zweiter Teil. Die subjektive Logik oder Lehre vom Begriff*, in: Sämtliche Werke, Bd. 5, hrsg. v. H. Glockner, Stuttgart/Bad Cannstatt 1964, S. 330, (vgl. HW 6, S. 551).

auffassen als Ansammlung von historischen Daten über diese Wissenschaft. Das trägt zum Verständnis dieser Wissenschaft überhaupt nichts bei. Man kann die Geschichte einer Wissenschaft aber auch bestimmen als Entwicklung der Probleme dieser Wissenschaft, und das trägt sehr wohl zum Verständnis des Gegenstandes dieser Wissenschaft bei. Zu Beginn dieser Vorlesung[67] habe ich das Modell gebraucht, wie jemand im Präparierkurs eigentlich etwas an einer Leiche präparieren könne. Möglich ist das, weil es ein Schema des Aufbaus des menschlichen Körpers gibt. Dass in der Biologie solche Schemata allen Lebewesen zu Grunde liegen, ist nicht etwas, was von vornherein Gegenstand der Biologie war, sondern etwas, was erst in der Entwicklung der Probleme der Biologie gefunden wurde. Da es in dieser Vorlesung unmöglich ist zu zeigen, wie Probleme und deren Lösungen in der Entwicklung einer Wissenschaft zustande kommen, kann ich Ihnen hier nur das Werk *Das Erkenntnisproblem*[68] von Ernst Cassirer empfehlen, in dem im vierten Band einiges über die Entwicklung der Problemstellungen der Biologie zu finden ist. – Wenn in der Darstellung der Wissenschaft vergessen wird, wie ihre Probleme zustande kamen, woraus sie eigentlich resultierten, wird die Wissenschaft selbst unbegreiflich. Es ist relativ einfach einzusehen, wozu Aussagenkalkül und Prädikatenkalkül erster und höherer Stufen notwendig sind, wenn man sich mit bestimmten grundlagentheoretischen Problemstellungen der Mathematik befasst. Es ist gar nicht mehr einzusehen, wozu das notwendig ist, wenn man die Resultate einfach lernt und weiß, wie in der Aussagenlogik Wahrheit definiert wird, nämlich über Wahrheitstafeln. Man

67 Siehe die erste Vorlesung vom 21.10.1980.

68 Vgl. Ernst Cassirer, *Das Erkenntnisproblem in der Philosophie und Wissenschaft der neueren Zeit*, Bd. 4 (*2. Abschnitt: Das Erkenntnisideal der Biologie und seine Wandlungen*), Darmstadt 1973.

müsste zeigen können, warum sie so definiert wird und warum eigentlich die traditionelle Logik dazu nicht ausgereicht hat, um bestimmte Probleme – die Frage ist dann wieder, welche – in der Mathematik überhaupt zu bearbeiten.

An einem Modell aus der Geschichte der Philosophie möchte ich skizzieren, wie das Selbstbewusstsein innerhalb der Geschichte durch die Bewegung eines Problems entsteht oder sich entwickelt. Parmenides sagt, Sein und Gedachtwerden sei dasselbe, und er begründet das folgendermaßen: Es ist wahr zu sagen, Seiendes ist und Nichtseiendes ist nicht. Es ist falsch zu sagen, Seiendes ist nicht und Nichtseiendes ist.[69] Das erste ist ein tautologisches Urteil, aber es ist nicht nur tautologisch, denn das Urteil verbindet dadurch, dass es ein tautologisches Urteil ist, unmittelbar die Existenz und das Denken. Wenn ich sage, dass Seiendes ist und Nichtseiendes nicht ist, dann ist dieses Sagen die Äußerung eines Gedankens, und der Inhalt dieses Gedankens ist eben der der Existenz des Seienden und der Nichtexistenz des Nichtseienden. Falsch ist es zu sagen, Seiendes ist nicht; denn es ist logisch falsch, weil von demselben behauptet wird, dass es ist, nämlich ein Seiendes, und nicht ist, nämlich ein Nichtseiendes, was sich widerspricht. Parmenides schließt daraus, das Sein könne nur Eines sein, denn wäre es Vieles, müsste das Seiende getrennt sein. Es könnte aber nur durch Nichtseiendes getrennt sein. Wäre aber das Seiende durch

69 Vgl. Parmenides, *Fragment 4* und 5, in: *Die Vorsokratiker. Die Fragmente und Quellenberichte*, hrsg. v. Wilhelm Capelle, Stuttgart 1968, S. 165: »Der eine ⟨zeigt⟩, daß ⟨das Seiende⟩ ist und daß es unmöglich ist, daß es nicht ist. Das ist der Pfad der Überzeugung; folgt er doch der Wahrheit. Der andere aber ⟨behauptet⟩, daß es nicht ist und daß es dieses Nichtsein notwendig geben müsse. Dieser Weg ist – das sage ich dir – völlig unerforschlich. Denn das Nichtseiende kannst du weder erkennen (denn das ist unmöglich) noch aussprechen.« Sowie: »Denn ⟨nur⟩ ein und dasselbe kann gedacht werden und sein.«

Nichtseiendes getrennt, müsste man ja behaupten: Nichtseiendes ist. Ein Seiendes könnte von einem zweiten Seienden auch noch durch ein drittes Seiendes getrennt sein. Daraus folgt aber, dass dieses dritte Seiende nun auch von dem ersten und dem zweiten Seienden getrennt sein muss. Entweder ist es davon wiederum durch ein Nichtseiendes getrennt oder durch ein viertes, fünftes, sechstes Seiendes. Das Problem wiederholt sich also, und es gibt einen regressus in infinitum, weil immer gefragt werden kann, wodurch das Seiende getrennt sei. Entweder ist es getrennt durch den Widerspruch, der besagt: Nichtseiendes ist, oder durch die Behauptung eines Seienden, das von allen anderen bisher bestimmten Seienden unterschieden sein muss. Also kann das Sein nach Parmenides nur Eines und überall dasselbe sein. Dann aber ist das Sein, das eins ist mit dem Denken, jenseits aller empirischen Realität, also – und das ist eine Folgerung, die Gorgias[70] daraus gezogen hat – ist dieses Sein nirgendwo; es ist bloß ein leerer Begriff. Die unmittelbare Identität von Denken und Sein führt darauf, dass das Sein, das so gedacht wird, mit keiner empirisch fassbaren Realität in irgendeiner Weise zu vermitteln ist. Weil es mit keiner empirisch fassbaren Realität zu vermitteln ist, ist es ein leerer Begriff. Dann ließe sich sagen, wenn es bloß ein leerer Begriff ist, ein ens rationis, dann ist es ein überflüssiger Begriff. Hegel argumentiert anders. Für ihn ist das Bewusstsein davon, dass das Sein ein leerer Begriff ist, die erste Gestalt des Selbstbewusstseins, weil es den Begriff von der empirischen Realität unterscheidet und sich als unmittelbar identisch weiß mit diesem Begriff. Wenn das Bewusstsein begreift, dass es offenbar auf Grund solcher Argumentationen wie bei Parmenides einen Begriff bilden kann, der ohne eine Beziehung auf die empirische Realität ist, dann ist damit bestimmt, dass das Bewusstsein in der Lage ist, etwas hervorzubringen,

70 Siehe Anmerkung 42.

in dem es nur sich selbst, seine Tätigkeit, nämlich sein eigenes Hervorbringen dieses Begriffs wiedererkennt. – Es wäre einfach zu sagen, es sei doch Blödsinn, sich etwas auszudenken wie den Begriff eines völlig homogenen Seins. Für Hegel ist das nicht blödsinnig, da durch die Kritik dieses Begriffs das Bewusstsein die erste Gestalt der Beziehung eines Begriffs auf das Bewusstsein erhält, in der das Bewusstsein erkennt, dass es diesen Begriff selbst verfertigt hat, es sich in diesem Begriff wiedererkennt, in dem Begriff das Resultat seines eigenen Tuns wiedererkennt. Das Bewusstsein unterscheidet dadurch nicht nur den Begriff, sondern auch sich selbst von der empirischen Realität, und mittels dieses leeren Begriffs setzt es sich selbst der empirischen Realität als etwas anderes entgegen. In der Entwicklung einer Philosophie, in der von Selbstbewusstsein explizit gar nicht die Rede ist, erkennt Hegel die Entwicklung dieses expliziten Begriffs von Selbstbewusstsein. Parmenides wusste noch nicht, so Hegel, dass, indem er einen leeren Begriff hat, er zugleich die Beziehung des Bewusstseins auf diesen leeren Begriff, den es selbst hervorgebracht hat, erhält und damit die Beziehung des Bewusstseins, vermittelt über sein eigenes Produkt, auf sich selbst existiert. Der alten Philosophie war noch nicht bewusst, dass diese Beziehung im expliziten Sinne Selbstbewusstsein ist als Resultat der Selbstreflexion des Denkens. Die unmittelbare Identifizierung von Denken und Sein bei Parmenides ist, nach Hegel, erst das Ansich des Selbstbewusstseins, das erst durch die Entwicklung der Problemstellung in der Geschichte der Philosophie zu einem expliziten Selbstbewusstsein wird. Die Entwicklung der Problemstellung ist aber nicht linear, so dass aus dem Satz ›Denken ist Sein‹ nicht unmittelbar das Selbstbewusstsein folgt, sondern aus der Kritik der These, die Denken und Sein unmittelbar identifiziert, resultiert, dass dieser Begriff von Sein vom Bewusstsein hervorgebracht ist und dass sich in diesem Begriff von Sein, weil er leer ist, das Bewusstsein schon auf sich selbst bezieht, ob es das nun weiß oder nicht. Genau diese unmittelbare Identifizierung von Denken und Sein, die auch für Hegel explizit falsch ist, ist die erste Gestalt der Entwicklung des Selbstbewusstseins in der Geschichte der Philosophie. Das ist ein Modell dafür, wie innerhalb einer Wissenschaft sich eine Problemstellung entwickelt aus etwas, was diese Problemstellung noch gar nicht explizit enthält. Das ist noch etwa zweitausend Jahre von dem Descartes'schen ›cogito ergo sum‹ entfernt, und es bedurfte also noch einiger Voraussetzungen in der Entwicklung der Geschichte der Philosophie, um zu der Selbstgewissheit des denkenden Ichs zu kommen.

9. Vorlesung

06.01.1981

Das Sein ohne jede weitere Bestimmung ist nirgendwo, und was nirgendwo ist, ist nicht: Das Sein ist nicht. Was bei Parmenides den Widerspruch, das Sein eines Nichtseienden, ausschließen sollte, ist selbst ein in sich Widersprechendes[71], nach Kant ein »nihil negativum«, ein »leerer Gegenstand ohne Begriff«[72]. Ein nihil negativum ist ›Nichts‹, also etwas, was weder ist noch sein kann. Es wird unterschieden von einem »nihil privativum«, das die Negation eines Bestimmten ist. Ein gängiges Beispiel für ein nihil privativum ist Kälte. Kälte ist das Nicht-Sein von Wärme, ist die Nicht-Gegenwart von Wärme. Bei einem nihil privativum steht hinter dem ›Nicht-‹ immer ein bestimmter Begriff, der verneint wird, während beim nihil negativum kein bestimmter Begriff verneint wird. Ein in sich widersprüchlicher Begriff wie der eines Kreisecks hat nicht nur keinen Gegenstand, er kann keinen Gegenstand haben, denn sein Gegenstand sei, wie Kant sagt, ein »Unding«, und der Begriff eines Undings ist dementsprechend ein Unbegriff. Dieser Unbegriff ist, nach

71 Vgl. die Argumentation von Parmenides in der achten Vorlesung, Anmerkung 69.

72 Die folgende terminologische Unterscheidung findet sich in der Einteilung des Begriffs von Nichts, vgl. Kant, *Kritik der reinen Vernunft*, a. a. O., S. 332 f. (B 347 ff. | A 290 ff.) Die an dieser Stelle von Kant angegebene »Tafel dieser Einteilung des Begriffs von *Nichts*« umfasst das Nichts als: »1. Leerer Begriff ohne Gegenstand, *ens rationis*. 2. Leerer Gegenstand eines Begriffs, *nihil privativum*. 3. Leere Anschauung ohne Gegenstand, *ens imaginarium*. 4. Leerer Gegenstand ohne Begriff, *nihil negativum*.«

Kant, zu unterscheiden von dem »leere[n] Begriff ohne Gegenstand«, der bei Kant »ens rationis« heißt, denn der leere Begriff ohne Gegenstand ist nicht in sich widersprüchlich, er hat nur keinen Gegenstand. Denn warum etwa sollte der Begriff des Einhorns in sich widersprüchlich sein, wenn der des Nashorns nicht in sich widersprüchlich ist und sogar eine Beziehung auf Gegenstände hat? Wird nicht nach dem Dasein, dem Sein an einem bestimmten Ort gefragt, so kann der Begriff des Seins als logisches Subjekt des tautologischen Existenzurteils sehr wohl als ein ens rationis gedacht werden.

In der Beweisführung von Gorgias, dass das Sein Nichts sei, wurde gesagt, das Sein sei weder hier noch da noch sonst irgendwo, also sei das Sein nicht, weil es nicht an einem bestimmten Ort sei. Hegel unterscheidet das Sein vom Dasein, das an einem bestimmten Ort ist. Wenn aber von der Fixierung an einen bestimmten Ort abstrahiert wird, dann kann Sein sehr wohl ein logisch konsistenter Begriff sein, ein Begriff, der bestimmt ist durch das tautologische Existenzurteil ›Seiendes ist‹. Der Begriff des Seins ist dann zu einem ens rationis geworden, zu einem leeren Begriff ohne Gegenstand. Dadurch, dass ein Begriff als ens rationis gedacht wird, macht sich das Denken selbständig gegen das Seiende, wird es unabhängig vom Seienden, das Denken wird spekulativ.

Kein Mensch hat je Gott, Freiheit, die Neger oder den Hamburger Sportverein gesehen. Gleichwohl operieren die Menschen sinnvoll mit diesen Begriffen. Gefordert ist, dass diesen Begriffen Gegenstände zuzuordnen sind, und obwohl diese Gegenstände keine Gegenstände der Erfahrung sind, ist jeder davon überzeugt, dass es diese Gegenstände gibt. Die Leere des Begriffs ohne Gegenstand überträgt sich auf die zu dem Begriff geforderten Gegenstände, durch die ein Begriff ohne Gegenstand sich von einem Begriff von Gegenständen unterscheiden soll, denn ein Begriff von Gegenständen soll – in dieser

Allgemeinheit – überhaupt Gegenstände haben. Wenn gefordert wird, dass ein Begriff sich überhaupt auf Gegenstände müsse beziehen können, Gegenstände überhaupt aber in der Erfahrung nicht vorkommen, dann muss sich ein Begriff auch auf den ebenfalls leeren Begriff des Gegenstandes überhaupt beziehen können. Die Gegenstände überhaupt gibt es nicht, und der ›Gegenstand überhaupt‹ ist selbst ein Begriff.[73] Dass sich Begriffe auf Gegenstände überhaupt beziehen müssen, um nicht leer zu sein, heißt, dass Begriffe sich auf Begriffe, dass der Begriff des Begriffs sich auf den Begriff des Gegenstandes überhaupt muss beziehen lassen können. – Kant sagte, Begriffe ohne Anschauungen seien leer[74], und forderte, es müsse eine dem Begriff korrespondierende Anschauung geben. Nun ist aber Anschauung oder Gegenstand der Anschauung sicherlich kein Gegenstand der Anschauung, denn nur ein bestimmter Gegenstand kann angeschaut werden. Hegel formulierte parodistisch, dass es den Löwen an sich nicht gebe. – Das absolut Andere des Begriffs, der Gegenstand überhaupt, ist also selbst wieder eine Gestalt des Begriffs, die mit dem Begriff zusammengeht. Weil sich so der Begriff in dem Gegenstand überhaupt durch die erkenntnistheoretische Reflexion als in seinem absoluten Anderssein wiedererkennt, ist dieser Begriff Geist. Weil der Begriff in dem Gegenstand überhaupt wieder den Begriff, also sich selbst erkennt, ist er zugleich selbstbewusster Geist. Einmal ist der Geist das Selbstbewusstsein, das sich im absolut Anderen selbst erkennt; und das, was sich im absolut Anderen selbst erkennt, zeigt sich hier als der Begriff, der sich in dem Begriff vom Gegenstand überhaupt selbst erkennt.

73 Siehe Anmerkung 21.
74 Im Original lautet die Stelle: »Gedanken ohne Inhalt sind leer, Anschauungen ohne Begriffe sind blind.«, vgl. Kant, *Kritik der reinen Vernunft*, a. a. O., S. 95 (B 75 | A 51).

Wenn man versucht, ohne Allgemeinbegriffe auszukommen, bleiben zunächst nur die Namen von Individuen, die aber Gegenständen nur zugeordnet werden können, wenn auf die Frage ›Wer ist Hermann?‹ auf ihn hinweisend geantwortet werden kann ›Der da ist Hermann‹. Um jemanden zu taufen, also ihm einen Namen zu geben, muss man auf ihn hinweisen und dann seinen Namen nennen. Wenn man aber sagt ›der da‹, so enthält noch der bestimmte Artikel ›der‹ die dritte Person singular masculinum und damit die allgemeine Geschlechtsbestimmung. Der allgemeinen Geschlechtsbestimmung masculinum oder femininum entspricht aber wiederum kein einzelner Gegenstand; den Mann überhaupt gibt es so wenig wie die Frau überhaupt. Das rein deiktische, hinweisende Wort ›da‹, das auf einen Ort hinweist, bleibt allein übrig, und dieses hinweisende Wort ist immer dasselbe, worauf auch immer hingewiesen werden mag. Das ›da‹ ist das deiktische, hinweisende Äquivalent zum Gegenstand überhaupt, oder, es ist der Begriff des Daseins. – Noch ›Dada‹ ist also der Geist in der Gestalt seines Andersseins, in der Gestalt der Infantilität. Dass ›Dada‹ hier war, nämlich Kurt Schwitters in Hannover, ist keine List der Vernunft, sondern ein Kalauer des absoluten Geistes. –

Wenn der selbstbewusste Geist sich durch seinen Begriff auf sich bezieht, so ist er von derselben Allgemeinheit wie der Begriff selbst. Als selbstbewusster Geist hat er ein Selbst, und dieses Selbst bezeichnet Hegel mit dem in sich durchaus problematischen Namen eines »allgemeinen Individuum[s]«[75]. Damit soll einerseits bestimmt werden, dass der Geist als etwas, das sich auf sich selbst bezieht, eben ein Selbst und damit ein Individuum ist, dass aber andererseits diese Beziehung auf sich selbst die Beziehung des Begriffs auf sich selbst und damit die

75 Hegel, *Phänomenologie des Geistes*, a.a.O., S. 30, (vgl. HW 3, S. 31).

Beziehung eines Allgemeinen auf sich selbst ist. Unmittelbar genommen ist der Begriff eines allgemeinen Individuums unsinnig. Von der Problemstellung her dargestellt, ergibt er einen Sinn, indem er nämlich zumindest das Problem kennzeichnet. »Die Aufgabe, das Individuum von seinem ungebildeten Standpunkte aus zum Wissen zu führen, war in ihrem allgemeinen Sinn zu fassen, und das allgemeine Individuum, der selbstbewußte Geist, in seiner Bildung zu betrachten.«[76] Hierin liegt ein doppeltes Problem. Das Individuum, das empirische Subjekt, soll vom »ungebildeten Standpunkte«, aus seinem Naturzustand, »zum Wissen« geführt werden, und es soll dargestellt werden, wie das »allgemeine Individuum, der selbstbewußte Geist« gebildet wurde. Gebildet wird hier wiederum in dem doppelten Sinn verstanden, dass der Geist geworden ist und dass er sich seine Bildung erwarb. »Was das Verhältniß beider betrifft, so zeigt sich in dem allgemeinen Individuum jedes Moment, wie es die konkrete Form und eigene Gestaltung gewinnt.«[77] – Im allgemeinen Individuum soll also die Bildung eine konkrete Form und eine eigene Gestalt gewinnen. – »Das besondre Individuum ist der unvollständige Geist, eine konkrete Gestalt, in deren ganzem Daseyn Eine Bestimmtheit herrschend ist, und worin die andern nur in verwischten Zügen vorhanden sind. In dem Geiste, der höher steht als ein anderer, ist das niedrigere konkrete Daseyn zu einem unscheinbaren Momente herabgesunken; was vorher die Sache selbst war, ist nur noch eine Spur; ihre Gestalt ist eingehüllt und eine einfache Schattirung geworden.«[78] Ein einfaches Modell dafür ist die Arbeit eines Wissenschaftlers innerhalb eines arbeitsteiligen wissenschaftlichen Prozesses, in dem die einzelnen Arbeiten dieses Prozesses

76 Ebd.
77 Ebd., (vgl. HW 3, S. 31 f.).
78 Ebd., (vgl. HW 3, S. 32).

systematisch aufeinander bezogen sind. Der Wissenschaftler kann in irgendeinem Winkel des Gegenstandsbereiches seiner Wissenschaft forschen und seine Veröffentlichungen erscheinen hernach dann in einem Lehrbuch oder in einer Monographie in einer Fußnote. – Der Ehrgeiz jedes Wissenschaftlers, hieß es bei uns Physikochemikern parodistisch, sei es, von dem Namensregister ins Sachregister zu kommen; das Plancksche Wirkungsquantum steht im Sachregister.

Das allgemeine Individuum ist das urteilende Subjekt, und dieses urteilende Subjekt hat seine Wirklichkeit außer sich. Seine Wirklichkeit außer sich zu haben, heißt nicht nur, dass die Wirklichkeit, die außer diesem Subjekt ist, diesem zugehört, sondern es heißt auch, dass es nicht wirklich ist in sich selbst, sondern nur in dem, was es nicht unmittelbar selbst ist. Der Geist ist nicht der Geist der einzelnen empirischen Subjekte, und er ist nicht ein Geist jenseits der einzelnen empirischen Subjekte, nicht ein den empirischen Subjekten transzendentes, seiendes Subjekt – also nicht Gott. Die Objektivität des Geistes ist – und das macht eine der Schwierigkeiten der Hegel'schen Philosophie aus – positiv weder in den empirischen Subjekten zu fassen noch jenseits dieser empirischen Subjekte zu bestimmen, z. B. als Gegenstand der Theologie. Der objektive Geist ist zu fassen nur als die Unvollständigkeit des Geistes empirischer Subjekte. Sobald der Geist in den einzelnen Subjekten sich entäußert, wird er ihnen zugleich vorenthalten, denn es ist immer nur ein Teil des Geistes, der in ihnen sich entäußern kann. Der Begriff der Objektivität des Geistes ist der Begriff der Unvollständigkeit, den die empirischen Subjekte von sich haben, indem sie feststellen, dass sie nicht alles wissen und auch nicht alles wissen können. Eine Gestalt des Begriffs der Unvollständigkeit, den die empirischen Subjekte von sich selbst haben, ist der Skeptizismus, der von sich sagt, er wisse nur, dass er nichts wisse. Hegel folgert aus diesem Bewusstsein nicht die resignative

Empfehlung, nun nur noch kleine Brötchen zu backen und sich im Bewusstsein der eigenen Ärmlichkeit einzurichten, sondern er erkennt in dem Bewusstsein der eigenen Unvollständigkeit den Anspruch des objektiven Geistes, vor dem der subjektive Geist, der Geist empirischer Individuen, erst zu einem Schatten werde, und fragt nach der Bestimmung dieses Anspruches. Hegel betrachtet den Skeptizismus selbst als eine Stufe der Bildung des objektiven Geistes, der im Skeptizismus nur negativ vorhanden sei, und zwar nur im Bewusstsein des Subjekts, das wisse, dass sein subjektiver Geist nicht vollständig sei. Negativ verfüge der Skeptizismus also selbst schon über einen Begriff des objektiven Geistes und habe somit keinen Grund zur resignativen Ergebung in seine eigene Beschränkung. Der objektive Geist, der im subjektiven Geist nur negativ als das Bewusstsein der Nichtigkeit des subjektiven Geistes gegenwärtig ist, ist nicht jenseits der empirischen Subjekte, als ewig abwesender Gott, vor dem alle nur als zerknirschte Sünder dastehen, sondern er ist gegenwärtig als Anspruch in der bestimmten Gestalt der Entwicklung des objektiven Geistes oder der Bildung. »Der Einzelne« – der höher stehen will als der Bestimmung seines unmittelbaren Daseins nach – »muß auch dem Inhalte nach die Bildungsstufen des allgemeinen Geistes durchlaufen, aber als vom Geiste schon abgelegte Gestalten, als Stufen eines Wegs, der ausgearbeitet und geebnet ist; so sehen wir in Ansehung der Kenntnisse das, was in frühern Zeitaltern den reifen Geist der Männer beschäftigte, zu Kenntnissen, Uebungen und selbst Spielen des Knabenalters herabgesunken, und werden in dem pädagogischen Fortschreiten die wie im Schattenrisse nachgezeichnete Geschichte der Bildung der Welt erkennen.«[79] Der Anspruch ist, die Bildung der Welt oder die Entäußerung des objektiven Geistes als die eigene Vorgeschichte zu erkennen.

79 A. a. O., S. 31, (vgl. HW 3, S. 32).

»Dieß vergangene Daseyn ist bereits erworbenes Eigenthum des allgemeinen Geistes, der die Substanz des Individuums und so ihm äußerlich erscheinend seine unorganische Natur ausmacht.«[80] Einerseits macht der allgemeine Geist die »Substanz des Individuums« aus, das, was die Subjekte zu Subjekten macht, andererseits erscheint er dem Individuum als etwas außer ihm Existierendes, als eine Unzahl von Büchern, die man doch nicht alle lesen kann.

Dazu kann ich mir wiederum eine Anmerkung nicht verkneifen. Der Weg, der dahin führte, dass das, was einst »den reifen Geist der Männer beschäftigte, zu [...] Spielen des Knabenalters herabgesunken« ist, lässt offenbar auch in der umgekehrten Richtung sich begehen, so dass nun die Spiele des Knabenalters zur bevorzugten Beschäftigung des reifen Geistes der Männer werden. An den Hochschulen zeichnet sich eine Reinfantilisierung der Wissenschaft ab, die etwa dadurch bezeichnet werden kann, dass die Theorie der Sprache auf eine Theorie des frühkindlichen Spracherwerbs heruntergebracht wird; ein Verfahren, das Marx in Beziehung auf einen anderen Gegenstand einmal als den Versuch bezeichnet hat, auf den Quellen Schifffahrt zu betreiben, statt auf Flüssen und Meeren.[81] Das bereits erworbene Eigentum des allgemeinen Geistes wird als entfremdetes verworfen und geflissentlich übersehen, dass in dieser Entfremdung die bestimmte Gestalt des objektiven Geistes erst sich herausbildete. Jenseits der Entfremdung ist der objektive Geist nur als die Nichtigkeit des subjektiven Geistes zu fassen, dem

80 Ebd., (vgl. HW 3, S. 32 f.).

81 Vgl. Marx, *Das philosophische Manifest der historischen Rechtsschule*, in: MEW 1, Berlin 1977, S. 78–85, hier: S. 78. Die Stelle lautet dort: »Die historische Schule hat das Quellenstudium zu ihrem Schibboleth gemacht, sie hat ihre Quellenliebhaberei bis zu dem Extrem gesteigert, daß sie dem Schiffer anmutet, nicht auf dem Strome, sondern auf seiner Quelle zu fahren [...].«

dann Frustration die einzige Gestalt seiner Bildung ist. – Die genetischen Theorien, die versuchen, unmittelbar aus den Quellen einer längst vergangenen Vorzeit zu schöpfen, sind ahistorisch und sollen dazu dienen, die Menschen ihrer Geschichte zu enteignen. – Die Didaktisierung der Wissenschaften hat zum Programm, den historisch entwickelten Inhalt der Wissenschaften so aufzuarbeiten, als seien die Wissenschaften über ihren vorwissenschaftlichen Anfang nie hinausgekommen. Es ist der Ehrgeiz dieser modernen Gestalt der Wissenschaft, die Menschen intellektuell zu konditionieren auf eine Existenz in der frühen Steinzeit, die ihnen Politiker und Militärs dann schon bescheren werden. Der Spruch ›Auf die Bäume ihr Affen‹ mutierte vom Schülerwitz zum hochschuldidaktischen Programm.

Die Bildung der Individuen ist die Wirklichkeit des objektiven Geistes, der erst in dieser Bildung zum objektiven Geist wird, erst in der Bildung und durch die Bildung der Individuen sein Selbstbewusstsein erlangt. Es ist einigermaßen schwer, diesen Gedankengang Hegels, der zentral ist für seinen Begriff von Wissenschaft, zu verstehen. Man könnte sagen, der objektive Geist sei irgendwo und die Subjekte müssten nun dahinterkommen, wo der objektive Geist denn sei. Dann wäre aber der objektive Geist eine transzendente Instanz und als transzendente Instanz hätte er, nach Hegel, keine Wirklichkeit. Wirklich ist er nur in der Bildung der Subjekte. Andererseits lässt sich der objektive Geist auf den subjektiven Geist nicht zurückführen, und aus dem subjektiven Geist ist er nicht zu konstruieren. Man kann eine Wissenschaft nicht begreifen, indem man die Biographien der Forscher studiert. Wenn Geisteswissenschaftler meinen, dass man das könne und dass es, nach Dilthey[82], darauf ankäme,

82 Vgl. Wilhelm Dilthey, *Die geistige Welt. Einleitung in die Philosophie des Lebens. Erste Hälfte*, in: Gesammelte Schriften, Bd. 5, Stuttgart/Göttingen 1974, S. 330 f. (*Die Entstehung der Hermeneutik*).

durch das Werk den zu verstehen, der es geschaffen hat, so war die Mühe der Objektivierung dessen, der das Werk geschaffen hat, vergeblich. Wenn Sie versuchen, auch nur zehn vernünftig zusammenhängende Sätze zu schreiben, wissen Sie, welche intellektuelle Schinderei das ist. In dieser intellektuellen Schinderei steckt die Objektivierung des subjektiven Geistes, der für sich selbst nicht schon die Bildung ist, sondern nur durch seine Objektivationen. Das Ensemble dieser Objektivationen macht den objektiven Geist aus, wobei nicht gesagt ist, dass jedes Buch, das in einer Bibliothek steht, schon eine Objektivation des Geistes und damit dem objektiven Geist zugehörig ist. – »Die Bildung in dieser Rücksicht besteht von der Seite des Individuums aus betrachtet darin, daß es dieß Vorhandene erwerbe,« – nämlich den schon objektivierten, gebildeten Geist – »seine unorganische Natur in sich zehre und für sich in Besitz nehme. Dieß ist aber von der Seite des allgemeinen Geistes als der Substanz nichts anderes, als daß diese sich ihr Selbstbewußtseyn giebt, ihr Werden und ihre Reflexion in sich hervorbringt.«[83] Der objektive Geist, die allgemeine Substanz, wird erst durch die Aneignung des Geistes durch die Subjekte und durch die Objektivierung des subjektiven Geistes in dem, was dann als Resultat der Wissenschaft notwendige und allgemeine Geltung hat. Das Interesse des objektiven Geistes an sich selbst ist das an seiner Wirklichkeit, an der Bildung der Individuen; denn er hat seine Wirklichkeit nur in der Bildung der Individuen. Da seine Wirklichkeit von der Bildung der Individuen abhängig ist, die Existenz der Individuen aber nicht von ihrer Bildung, kann, was einmal objektiver Geist war, zu Grunde gehen. Aus der Situation heraus, in der der objektive Geist schon zu Grunde gegangen ist, in der die Bildung des subjektiven Geistes schon

83 Hegel, *Phänomenologie des Geistes*, a.a.O., S. 31, (vgl. HW 3, S. 33).

demoliert ist, erscheint dann der Begriff des objektiven Geistes als ens rationis, als leerer Begriff ohne Gegenstand, als das überholte Bildungsideal eines vergangenen Jahrhunderts oder als Begriffsmythologie. Sinnigerweise erscheint dann Hegels Begriff der Wissenschaft als eine vom Geist schon abgelegte Gestalt, womit unterstellt wird, die Situation, aus der heraus er so erscheint, sei Resultat des pädagogischen Fortschreitens, so dass Hegels Begriff von Wissenschaft in demselben Atemzug verworfen und bestätigt wird. Die neuere Zeit wähnt sich über den Mythos des Begriffs, über die universitas litterarum und die Vorstellung einer objektiven Bildung hinaus. Darüber hinaus könnte sie jedoch nur sein, wenn sie fortgeschritten wäre und diesen Begriff von Wissenschaft als eine überholte Gestalt des Geistes abgelegt hätte. Das zeigt, wie außerordentlich schwer es ist, aus der Hegel'schen Argumentation herauszukommen, weil jede Argumentation, die den Hegel'schen Begriff von Wissenschaft für überholt erklärt, zugleich teilhat an dessen Begriff des pädagogischen Fortschritts, wobei Hegel den pädagogischen Fortschritt im Sinne von Lessing verstand als *Die Erziehung des Menschengeschlechts*[84]. Es wäre immerhin des Nachdenkens wert, wovon denn dieses Bildungsideal überholt worden sei.

84 Vgl. den gleichnamigen Aufsatz in G. E. Lessing, *Theologiekritische Schriften III. Philosophische Schriften*, a. a. O., S. 489–510.

10. Vorlesung

13.01.1981

In dem Zitat, das am Ende der letzten Vorlesung Gegenstand war, sagt Hegel, der allgemeine Geist als die Substanz komme nur durch die Bildung der Individuen zum Selbstbewusstsein und zur Reflexion. Bildung ist hier in den beiden Bedeutungen des Wortes zu verstehen. Der allgemeine Geist, die Substanz, wird erst, bildet sich erst, und der Geist, die Substanz, bekommt durch die Bildung eine spezifische Gestalt. Beide Bedeutungen hängen zusammen, weil für Hegel ohne spezifische Gestalt diese allgemeine Substanz leer, nichts ist. Sie wird erst zugleich mit ihrer spezifischen Gestalt, die den Inhalt der Bildung ausmacht. Dieser Inhalt ist durch die wissenschaftliche Arbeit von einzelnen Subjekten erworben und hervorgebracht. Er ist erworben, weil er die Erkenntnis von Gegenständen ist, die außerhalb dieser einzelnen Subjekte liegen; und er ist hervorgebracht, weil die Begriffe, durch die die Erkenntnis der Gegenstände erworben wird, von den Subjekten hervorgebracht sind, denn die Begriffe lassen von den Gegenständen nicht einfach sich ablesen. Dass die Begriffe von den Subjekten hervorgebracht sind, hat in der Erkenntnistheorie von Kant die formale Gestalt, dass die reinen Verstandesbegriffe a priori, also vor aller Erfahrung sind und dass diese reinen Verstandesbegriffe konstitutive Bedingungen der Erkenntnis, also auch der Wissenschaft sind.[85] Konstitutiv heißt, dass die Verstandesbegriffe den Gegenständen der Erfahrung erst die Verfassung, das ist die Konstitution, verschaffen, in der sie erkennbar sind.

85 Vgl. Kant, *Kritik der reinen Vernunft*, a. a. O., §§ 13–27 (*Von der Deduktion der reinen Verstandesbegriffe*), besonders S. 181b–191b (B 162–169).

Der zentrale Begriff der Physik, der der Kraft, lässt sich nicht durch Verallgemeinerung von Erfahrungen gewinnen, sondern ist definiert durch das Produkt von Masse und Beschleunigung. – Es führt auf einen Widerspruch zu sagen, Kraft sei das, was man als dasjenige spüre, was einen Stuhl nach unten ziehe, wenn man ihn am ausgestreckten Arm halte. Subjektiv hat man zwar durchaus die Erfahrung, dass es schwerer wird, den Stuhl zu halten, bzw. dass der Stuhl schwerer wird, doch jemand, der vorher und nachher den Stuhl kurz hält, wird das verneinen, da für ihn der Stuhl beide Mal gleich schwer ist. Ein so aus der Erfahrung abgelesener Kraftbegriff wäre inkonsistent, da er z. B. die zeitliche Variation oder die zeitliche Veränderung eines Gewichts einschließen würde. – Eine Inertialbewegung, eine Bewegung mit gleichförmiger Geschwindigkeit, fällt nicht in den Bereich möglicher Erfahrung. Sie ist auf der Erde und in der Welt nicht denkbar, weil jeder materielle Gegenstand der Schwerkraft unterliegt und es deswegen die kräftefreie Inertialbewegung, die Trägheitsbewegung, von der die Definition des Kraftbegriffs in der Physik ausgeht, realiter nicht gibt und nach allen Erkenntnissen der Physik auch nicht geben kann. Die Basis der dynamischen Definition der Kraft ist der Trägheitssatz, der besagt, dass jeder Körper, auf den keine Kräfte wirken, im Zustand gleichförmiger Bewegung verharrt. – Eine Formulierung, in der der Terminus ›Zustand einer Bewegung‹ vorkommt, muss jedem von der Physik nicht affizierten Gemüt als paradox erscheinen, denn wie soll das, was bewegt ist, zugleich in einem statischen Zustand sich befinden? Der Terminus ist sinnvoll, weil die Bewegungsgrößen, der Impuls und die kinetische Energie, sich bei einer Inertialbewegung nicht verändern. Diese Größen bestimmen dann den Physikern zufolge den Bewegungszustand. Dass solche Formulierungen dem physikalisch nicht gebildeten Gemüt als paradox erscheinen, bezeichnet auch den Unterschied des physikalisch gebildeten Gemüts zu dem physikalisch nicht gebildeten. Was dem einen eine Selbstverständlichkeit aus den Anfangsgründen der Wissenschaft ist, ist dem anderen ein unbegreifliches Paradox. – Dem Trägheitssatz entspricht keine Erfahrung, denn selbst wenn es Gegenstände gäbe, die im Zustand gleichförmiger Bewegung verharrten, weil sie keinen Kraftwirkungen unterlägen, so würden diese Gegenstände alsbald aus dem Bereich dessen, was unserer Erfahrung zugänglich ist, sich entfernen. Ihnen jetzt zu zeigen, wie der Trägheitssatz entstand, würde mich zu einer Darstellung der Entwicklung der Grundbegriffe der Physik verpflichten, dazu, den Wissenschaftsbegriff des Deutschen Idealismus nicht nur vorzustellen, sondern auch zu erfüllen. Das führte leider in dieser Vorlesung zu weit, denn der Entwicklung der Grundbegriffe der Physik und den Theorien, aus denen sie sich entwickelten, könnte man durchaus eine einstündige Vorlesung im Wintersemester widmen. Hier ist nur ein Hinweis möglich. Theologische Spekulationen der Art, ob durch die Geburt Christi der Gnadenschatz einmal in der Welt deponiert und dann verfügbar sei ohne den succursus dei, die Mitwirkung Gottes, oder ob der Gnadenschatz sozusagen nur annonciert sei, von der Kirche nicht nur verwaltet werde, sondern die Kirche jederzeit den unmittelbaren Beistand Gottes habe, wenn sie die Sakramente spende, sind der Grund gewesen, aus dem dann das Trägheitsproblem, das vorher ein paar Jahrhunderte geruht hatte, wieder aufgenommen worden ist. Es spielten auch direkt politische Auseinandersetzungen zwischen einzelnen Fraktionen innerhalb der Theologie und der Kirche mit hinein. Leider gibt es zu diesem Problem außer den Untersuchungen von Anneliese Maier[86], die einige Vertrautheit mit den Problemen

86 Die *Studien zur Naturphilosophie der Spätscholastik* von Anneliese Maier sind in fünf Bänden in der Ed. di storia e letteratura, Rom 1949–1958, erschienen.

der Spätscholastik und auch Lateinkenntnisse voraussetzen, und einem Buch über die kopernikanische Wende von Blumenberg[87], das vergriffen ist, keine Literatur, auf die ich Sie verweisen könnte, denn der mir bekannte Rest ist Wissenschaftsjournalismus oder eine Sammlung wissenschaftshistorischer Daten, die unmittelbar, d. h. ohne Kenntnis wenigstens der Grundlagen der Philosophie und der theoretischen Mechanik nichts zur Erkenntnis des Problems beitragen.

»Die Wissenschaft stellt diese bildende Bewegung« – in der sowohl der objektive Geist als auch die Individuen gebildet werden – »sowohl in ihrer Ausführlichkeit und Nothwendigkeit, als das, was schon zum Momente und Eigenthum des Geistes herabgesunken ist, in seiner Gestaltung dar. Das Ziel ist die Einsicht des Geistes in das, was das Wissen ist. Die Ungeduld verlangt das Unmögliche, nämlich die Erreichung des Ziels ohne die Mittel.«[88] Hierin liegt die Schwierigkeit, etwas aus der Geschichte des Geistes darzustellen. Innerhalb einer Vorlesungsstunde ist es unmöglich, die Erreichung des Ziels, die Entwicklung der Grundbegriffe der Physik, ohne die Mittel, nämlich woraus und aus welchen Problemen sie sich entwickelt haben, darzustellen. Ausführlichkeit und Notwendigkeit der Bewegung des sich bildenden Geistes lassen an dem sich ermessen, was notwendig ist, um einen bestimmten Inhalt der Wissenschaft sachgerecht darzustellen. – Wenn man einen Studienanfänger in eine Bibliothek des von ihm gewählten oder des ihm von den Gegebenheiten, unter anderem der *Zentralstelle für die Vergabe von Studienplätzen*, verordneten Fachgebiets führt, wird er erschreckt und erschlagen sein und meinen, in dieser Unmenge von Büchern werde er sich nicht einmal ansatzweise

87 Vgl. Hans Blumenberg, *Die kopernikanische Wende*, Frankfurt a. M. 1965.

88 Hegel, *Phänomenologie des Geistes*, a. a. O., S. 31, (vgl. HW 3, S. 33).

zurechtfinden. Nach wenigen Semestern eines ordnungsgemäßen Studiums kann ihm die Bibliothek dann nicht mehr groß genug sein, und ein Fachmann ist über die Größe einer Bibliothek begeistert, weil er dort eine genaue Darstellung der Probleme finden kann, die sein Gegenstand sind; für ihn kann gar nicht genug Fachliteratur vorhanden sein. – Die Erreichung des Ziels solcher Darstellung ohne die Mittel, ohne Einsicht in das, was zuvor schon zum Moment und Eigentum des Geistes hat herabsinken und als Inhalt der Wissenschaft hat angeeignet werden müssen, ist ein echtes Anliegen – und genauso falsch und verlogen wie alles, was die Versicherung seiner Echtheit im Titel führt – der Populärwissenschaft, die mit populus so wenig zu tun hat wie mit Wissenschaft, dafür aber um so mehr mit den Bilanzen der Verlage, die diese Gegenstände unter dem sinnigen Titel »Sachbuch« unter die Leute zu bringen suchen. Von Unschärferelation, Quantentheorie und Wellenmechanik sollte nicht reden, wer nicht einigermaßen mühelos partielle Differentialgleichungen aus einem kartesischen Koordinatensystem in ein Polarkoordinatensystem transformieren kann und wer nicht partielle Differentialgleichungen durch einen Lösungsansatz – dort ist das Wort einmal berechtigt – in ein System von gewöhnlichen Differentialgleichungen zu separieren vermag. Es ist nicht unbedingt notwendig, dass das jeder kann; es ist auch nicht unbedingt notwendig, dass jeder über Quantenmechanik oder über die Gegenstände der Quantenmechanik redet; heute ist es ohnehin fast unmöglich, sich eine Bildung anzueignen, die so etwas erlaubt. Unter anderen Bedingungen ließe sich durchaus vorstellen, dass es nicht so schwierig, jedenfalls nicht unmöglich ist, sich diese Bildung anzueignen. Sich unabhängig davon, unter welchen Voraussetzungen und Randbedingungen diese Differentialgleichungen durch Reihen zu integrieren sind, über Beziehungen von Quantenzahlen zu unterhalten, heißt, eine Unterhaltung zu führen, die keinen Gegenstand hat. Die etwas pathetische Formulierung von der ungeheuren Arbeit des Weltgeistes[89] bei Hegel hat ihr fundamentum in re, und res, Sache, ist die Wissenschaft. – Sie können das, was Sie aus vermeintlichen Sachbüchern oder gar aus populärwissenschaftlichen Veranstaltungen lernen, getrost vergessen. Was Sie vergessen, ist Nichts und hat auf jeden Fall nichts mit der Sache zu tun, mit der zu tun zu haben es vorgibt. – »Weil die Substanz des Individuums, weil sogar der Weltgeist die Geduld gehabt, diese Formen in der langen Ausdehnung der Zeit zu durchgehen und die ungeheure Arbeit der Weltgeschichte, in welcher er in jeder den ganzen Gehalt seiner, dessen sie fähig ist, herausgestaltete, zu übernehmen, und weil er durch keine geringere das Bewußtseyn über sich erreichen konnte, so kann zwar der Sache nach das Individuum nicht mit weniger seine Substanz begreifen; inzwischen hat es zugleich geringere Mühe, weil *an sich* dieß vollbracht [...]«.[90] – Dass »*an sich* dieß vollbracht« ist, heißt, dass nicht jeder Forscher mit der Wissenschaft in der frühen Steinzeit anfangen muss, sondern dass die Arbeit von ganzen Generationen von Forschern in der Literatur, in Monographien und Lehrbüchern, in einer Weise dokumentiert ist, dass das Individuum nur noch diese Bücher zu verstehen braucht und nicht all das selbst noch einmal erforschen muss, was schon einmal erforscht worden ist. – »[...] inzwischen hat es zugleich geringere Mühe, weil *an sich* dieß vollbracht, – der Inhalt schon die zur Möglichkeit getilgte Wirklichkeit, die bezwungene Unmittelbarkeit, die Gestaltung bereits auf ihre Abbreviatur, auf die einfache Gedankenbestimmung, herabgebracht ist.«[91] – Einem Anfänger erscheint diese Gedankenbestimmung nicht so ohne weiteres

89 Im Original lautet die Formulierung »ungeheure Arbeit der Weltgeschichte«, wie Bulthaup im Folgenden korrekt zitiert.
90 Hegel, *Phänomenologie des Geistes*, a.a.O., S. 32, (vgl. HW 3, S. 33 f.).
91 Ebd., (vgl. HW 3, S. 34).

›einfach‹ zu sein. Das zuvor erwähnte Problem der Transformation einer partiellen Differentialgleichung in ein anderes Koordinatensystem erscheint, wenn man das erste Mal damit konfrontiert wird, nicht gerade als trivial, selbst wenn einem gezeigt wird, wie es zu lösen ist. – »Schon ein *Gedachtes* ist der Inhalt *Eigenthum* der Substanz; es ist nicht mehr das Daseyn in die Form des *Ansichseyns*, sondern nur das weder mehr bloß ursprüngliche, noch in das Daseyn versenkte, vielmehr bereits *erinnerte Ansich* in die Form des *Fürsichseyns* umzukehren.«[92] An sich sind die Gegenstände schon zum Inhalt der Wissenschaft geworden und dadurch von dem Geist oder der Substanz angeeignet. Für sich können sie es nur werden durch die wissenschaftliche Bildung der Individuen, die es aber einfacher haben als der Weltgeist, weil der größte Teil der Arbeit schon geleistet ist, nämlich aus dem, was zunächst ein unerkennbarer Gegenstand ist, die Erkenntnis dieses Gegenstandes zu gewinnen. Ist der Inhalt der Wissenschaft schon ein Gedachtes, schon das Eigentum der Substanz, dann müssen die Probleme der Wissenschaft nicht von jedem, der ihren Inhalt sich aneignen will, neu gelöst werden. Diese Arbeit haben andere vor ihm geleistet, und er erhält in der Darstellung des Inhalts der Wissenschaft zu den Problemen auch deren Lösung. Häufig allerdings erhält man auch nur die Lösung ohne die Darstellung des Problems, dessen Lösung sie ist, und ohne die Darstellung dessen, woraus das Problem entstand.

Jeder Inhalt der Wissenschaft hat als spezifische Gestalt des Geistes auch eine äußere Gestalt, die für sich genommen als Mittel, sowohl als Instrument in der Forschung als auch als Instrument in der Technik, dienen kann, ohne dass derjenige, der diese Mittel verwendet, noch erkennen muss, welcher z. B. physikalische Zusammenhang ihnen zu Grunde liegt. Wenn

92 Ebd.

einmal das Verhältnis von Stromstärke, Magnetfeld und Wechselwirkung zwischen zwei Magnetfeldern erkannt ist, kann dieses Verhältnis ausgenutzt werden, um Stromstärken zu messen, indem man Drehspulinstrumente baut, etwas, das einige von Ihnen als Amperemeter in ihrem Auto haben. Ein objektivierter Sachverhalt ist dann zum Mittel geworden, etwas Bestimmtes zu messen. Ganz analog können dieselben Verhältnisse verwendet werden, um Generatoren zu bauen, die uns dann mit Wechselstrom versorgen. Auch ein Installateur weiß, wie er mit einem solchen Amperemeter umgehen muss, ohne sich Rechenschaft ablegen zu können, wie das Ding funktioniert. Für den, der es als bloßes Mittel nimmt, ist es dann, wie man heute sagt, eine ›blackbox‹. Der äußeren Gestalt ist der Geist, dessen Gestalt sie ist, nicht mehr anzumerken; der Geist ist in dieser Gestalt instrumentum geworden. Das ist die These von der Instrumentalisierung der Vernunft. Es ist derselbe Inhalt, der als Objektivierung des Geistes und als toter Satz von nur noch instrumenteller Verwendbarkeit aufgefasst werden kann. In der zweiten Auffassung kann das Individuum in ihm seine eigene Substanz nicht mehr erkennen. Die Entäußerung ist notwendig, weil ohne die spezifische Gestalt der Geist unbestimmt und leer bliebe, Geist von nichts wäre. Die Entäußerung ist zugleich der Grund dafür, dass der Inhalt der Wissenschaft nicht in der Form der Entäußerung des Geistes, sondern in der des entäußerten Geistes dargestellt wird. Dieser Darstellung ist das Bewusstsein dieses Geistes ausgetrieben, denn dazu, dass die Inhalte der Wissenschaft als Mittel verfügbar sind, bedarf es nicht der Einsicht in sie als Entäußerungen des Geistes. Ohne diese Einsicht werden aber auch die Individuen, deren Substanz nach Hegel der Geist in seiner bestimmten Gestalt ist, um diese ihre Substanz gebracht, weil diese Substanz in der Ausbildung an der Hochschule keine spezifische Gestalt mehr bekommt, sondern leer bleibt und dann eben nicht mehr Substanz ist. So entsteht die absolute Fremdheit zwischen den Individuen und den Inhalten der Wissenschaft, die ihren Grund darin hat, dass von der Ökonomie nicht die Substanz der Individuen gefragt ist, sondern ihre Fähigkeiten und Fertigkeiten, und die Hochschule ökonomisch allein als Dienstleistungsbetrieb, als Zulieferfirma für diese Fähigkeiten und Fertigkeiten gerechtfertigt ist. Dass dem dann noch das Bedürfnis eines Teils der Studenten nach Praxisorientierung entgegenkommt, dem Bedürfnis, sich möglichst auf das zu beschränken, dessen Verwendbarkeit im späteren Berufsleben garantiert ist, lässt fast an eine prästabilierte Harmonie von ökonomischen Notwendigkeiten und den Bedürfnissen der Studenten glauben.

Es ist ein und derselbe Geist, der in der einen oder anderen Bedeutung genommen werden kann. Es ist nicht etwa so, dass es einen Geist für anständig gebildete Menschen und einen anderen für die blöden Techniker gibt, die nur instrumentell denken können, sondern es ist ein und derselbe Inhalt der Wissenschaft, ein und derselbe Geist, der in diesen beiden Gestalten erscheint. Ohne die Bestimmtheit der Gestalt wäre er ein Geist von nichts, und man könnte sich gleich mit der Fundamentalontologie zufriedengeben, das ›om, om, om‹ des Seins raunen und sich dabei wer weiß wie gescheit vorkommen. Das ist gerade unter Naturwissenschaftlern eine nicht selten anzutreffende Kompensation für die entäußerte Gestalt des Geistes in den Naturwissenschaften, von dem dort nur noch die äußere Gestalt erfasst wird. Anstatt dass diejenigen, die diese äußere Gestalt wenigstens begriffen haben, dann über diese Gestalt nachzudenken begännen, schreiben sie in ihrer Freizeit Bücher über die Natur und die Griechen.[93]

93 Vgl. *Die Natur und die Griechen. Kosmos und Physik*, Hamburg 1956, des österreichischen Physikers und Wissenschaftstheoretikers Erwin Schrödinger.

Die wissenschaftliche Bildung, wie Hegel sie auffasste, ist die Objektivierung der Freiheit, die erst durch diese Objektivierung substantiell wird. An sich selbst sind die Resultate der Wissenschaft Objektivationen der Freiheit, nicht nur sofern sie von den Individuen angeeignet werden, sondern auch als Mittel, mit denen die Unmittelbarkeit, wie Hegel schreibt, bezwungen werde, als technische Produktivkräfte, deren ökonomische Funktion darin besteht, das Verhältnis von notwendiger und disponibler Arbeit zugunsten der disponiblen Arbeit, durch die Mehrwert und Profit geschaffen wird, zu verschieben. Das vermögen die Produktivkräfte nur durch die Verringerung der zur Produktion des gesellschaftlichen Reichtums notwendigen Arbeit, also dadurch, dass sie nicht nur selbst Objektivationen der Freiheit sind, sondern auch die Möglichkeit der Freiheit schaffen, indem durch sie die Menschen von einem großen Teil der zu ihrer Reproduktion notwendigen Arbeit entlastet werden und dadurch erst die Möglichkeit erhalten, den Geist individuell sich anzueignen, der kollektiv schon durch die Aneignung des Daseins geschaffen ist. Solche Aneignung braucht Zeit und die Freiheit, dem Gegenstand sich hinzugeben; beides ist bis heute ein Privileg. Dass das Privileg dann auch benutzt wird, ist aus denselben ökonomischen Gründen denkbar unwahrscheinlich. Die Bestimmung, dass die Aneignung des Geistes Zeit und Freiheit braucht, dem Gegenstand sich hinzugeben, ist bei Hegel selbst notiert: »Eines Theils ist die *Länge* dieses Wegs zu ertragen, denn jedes Moment ist nothwendig; – andern Theils ist bei jedem sich zu *verweilen*, denn jedes ist selbst eine individuelle ganze Gestalt, und wird nur absolut betrachtet, insofern seine Bestimmtheit als Ganzes oder Konkretes, oder das Ganze in der Eigenthümlichkeit dieser Bestimmung betrachtet wird.«[94] Der

94 Hegel, *Phänomenologie des Geistes*, a. a. O., S. 31 f., (vgl. HW 3, S. 33).

Geist ist wirklich nur in den Inhalten der Wissenschaft, und er ist in jedem einzelnen Inhalt ganz und ungeteilt. Jeder einzelne Inhalt reflektiert in sich die vorherige Bildungsgeschichte des Geistes. Das möchte ich Ihnen an einem Modell darstellen.

Wer den ersten großen Roman der Neuzeit, den *Don Quixote* von Cervantes, einfach als Erzählung von absurden Abenteuern liest, wird bald gelangweilt sein, denn oberflächlich besehen geschieht immer dasselbe: Hochfahrende Illusionen finden sich auf dem Misthaufen der Realität wieder. Wer diesen Roman aber als Reflexion auf die bisherige Bildungsgeschichte des Geistes liest, wird finden, dass in dem Roman das brüchige Verhältnis von literarischer Tradition und empirischer Realität selbst Gegenstand des Romans ist. Don Quixote hat den Kopf voll mit Ritterromanen und versucht, nach deren Prinzipien seine Handlungen zu bestimmen. Nun ist das Bewusstsein von Geschichte abhängig von der Rezeption der Überlieferung, denn die Geschichte ist als Vergangenes der unmittelbaren Erfahrung entzogen und nur durch die Überlieferung zu vergegenwärtigen. Zugleich ist aber das Überlieferte gerade durch das Fortschreiten der Geschichte dem Gegenwärtigen nicht kompatibel, und die Überlieferung kollidiert im *Don Quixote* mit der Gegenwart. Die Darstellung, wie die überlieferten Vorstellungen des Don Quixote an der Realität zuschanden werden, ist zugleich eine Reflexion auf den historischen Unterschied zwischen der Realität der Ritterromane und der Realität, in der Don Quixote als ökonomisch schon funktionslos gewordener Aristokrat lebt, und damit auch eine Reflexion auf das Fortschreiten der Geschichte selbst. Zunächst mag es so scheinen, als stehe das Fortschreiten der Bildung des objektiven Geistes im Gegensatz zu der Bestimmung, dass dieser Geist im einzelnen Gegenstand ungeteilt enthalten sei. Doch der Geist ist nicht positive Substanz, die sozusagen den Individuen eingelöffelt werden kann, sondern der Geist ist das Selbsterkennen im absoluten

Anderssein, also unter Einschluss des absoluten Unterschieds. Dieser Unterschied selbst ist der literarische Gegenstand des *Don Quixote*. Erst das Bewusstsein der Diskrepanz von Vergangenem und Gegenwärtigem erschließt das Vergangene, nicht als das, was im Prinzip dasselbe ist wie das Gegenwärtige, sondern als das, was es im Unterschied zum Gegenwärtigen war und was doch dessen historische Voraussetzung ist, denn das Gegenwärtige ist aus dem Vergangenen geworden und selbst bestimmt durch den Unterschied zum Vergangenen. Das Gegenwärtige ist also nicht a se, sondern aus Anderem geworden.

– An dieser Stelle möchte ich Sie an das Problem erinnern, das schon in der Vorlesung behandelt worden ist.[95] Dass Etwas aus Anderem werde, hieß, dass dieses Andere sozusagen der Anfang des Gegenwärtigen, des Etwas, sei. Ein Anfang, der mit sich identisch bleibt, ist eben kein Anfang, und nur indem aus dem Anfang etwas Anderes wird, ist er der Anfang von Etwas. – Dieser Unterschied ist eine Bestimmtheit des Gegenwärtigen dadurch, dass in diesem das Vergangene negativ präsent ist. Weil das Gegenwärtige sich von dem Vergangenen unterscheidet, ist das Vergangene nicht positiv, als Substanz, in dem Gegenwärtigen vorhanden, sondern negativ als das, was das Gegenwärtige nicht ist. Aus diesem Unterschied erschließt sich die negative Einheit von Vergangenheit und Gegenwart. Negative Einheit heißt, dass das Vergangene nicht das Gegenwärtige ist, nicht nur in seiner zeitlichen Bestimmung, sondern auch in seiner substantiellen Bestimmung. Der Unterschied aber ist bestimmter Inhalt – »determinatio est negatio«[96], und durch

95 Siehe die sechste Vorlesung vom 02.12.1980.

96 Spinoza, *Briefwechsel*, in: Sämtliche Werke, Bd. 6, übers. u. hrsg. v. Carl Gebhardt, Hamburg 1977, S. 210 (50. Brief, an Jarig Jelles): »Da also Gestalt nichts anderes ist als Bestimmung und Bestimmung Verneinung, so wird sie wie gesagt nichts anderes sein können als eine Verneinung.« Vgl. Hegels Bezugnahme auf Spinoza in: *Wissenschaft*

determinatio werden Unterschiede bestimmt –, in dem Vergangenheit und Gegenwart substantiell sind. Die Versenkung in den so bestimmten Inhalt, in dem »sich zu *verweilen*« Hegel fordert, ist dann zugleich die Versenkung in das Bewusstsein von der Gegenwart. Dass Klassifizierungen der Gegenstände nach historischen Epochen zur hier im Sinne Hegels zitierten Erkenntnis der Geschichte wenig beizutragen vermögen, lässt sich mit dieser Bestimmung des Inhalts der Wissenschaft erhellen.

Zum Ende dieser Vorlesungsstunde habe ich noch eine Bitte an Sie: Vergleichen Sie, was ich Ihnen in dieser letzten Skizze über den Begriff der Geschichte bei Hegel zu erläutern versucht habe, mit dem, was Sie sonst über Hegels Geschichtsauffassung hören oder lesen. Wenn ich dergleichen zu hören oder zu lesen bekomme, drängt sich mir immer die Vorstellung auf, es müsse noch einen anderen Autor gleichen Namens geben, dessen Schriften mir aber unzugänglich sind.

der Logik. Erster Teil. Die objektive Logik a.a.O., S. 127, (vgl. HW 5, S. 121). »Die Bestimmtheit ist die Negation als affirmativ gesetzt, ist der Satz des Spinoza: Omnis determinatio est negatio, dieser Satz ist von unendlicher Wichtigkeit«.

11. Vorlesung

20.01.1981

Hegel sagt, jeder einzelne Gegenstand der Wissenschaft sei eine individuelle ganze Gestalt, die absolut betrachtet werden müsse als das Ganze des Geistes in dieser individuellen Bestimmtheit, so, als sei das Ganze des Geistes in dieser Gestalt wie in einer Leibniz'schen Monade enthalten.[97] Das, was als Ganzes des Geistes darin enthalten ist, sind die zuvor abgelegten Gestalten des Geistes, also wiederum Individualitäten, deren jede für sich verstanden werden soll und deren jede doch nur für sich verstanden werden kann durch die Vergegenwärtigung der Bildungsgeschichte des Geistes selber, durch die allein die Individualität als das Ganze des Geistes verstanden werden kann. Das hört sich so eher mystisch an, wird aber erkennbar, wenn die Erkenntnis eines Gegenstandes einmal rekursiv nach ihren Voraussetzungen, den abgelegten Gestalten des Geistes, entwickelt wird.

An einem den meisten von Ihnen dem Namen nach bekannten Gegenstand kann ich das Verfahren nur bezeichnen, nicht entwickeln; an einem zweiten, wie ich hoffe Ihnen vertrauten Gegenstand, kann ich das Verfahren wenigstens skizzieren. Der erste Gegenstand sind die Desoxyribonukleinsäuren (DNS), also die Erbsubstanz. In vielen Fällen ist es gelungen, nicht nur aufzuklären, aus welchen einfacheren Molekülen diese Substanz aufgebaut ist, sondern auch, in welcher Folge die einzelnen Bestandteile in der Substanz vorkommen. Es ist gelungen zu zeigen, dass die vererbbaren Charakteristika der Lebewesen

97 Vgl. Hegel, *Phänomenologie des Geistes*, a.a.O., S. 31f., (vgl. HW 3, S. 33).

von der Folge, also der Anordnung der Nukleinsäuren abhängen. Um nun eine solche Abfolge herauszubekommen, müssen die großen Moleküle zunächst einmal isoliert und dann in kleinere zerlegt werden; am besten so, dass immer eins der kleineren Moleküle abgetrennt wird. Von dem Aufwand und den Kenntnissen, die dazu nötig sind, kann jemand sich keine Vorstellung machen, der nicht einige Semester Chemie studiert hat und im Praktikum hat versuchen müssen, weitaus einfachere Aufgaben zu bewältigen. Ein erheblicher Teil der abgelegten Gestalten des Geistes der Chemie, deren keine mehr Gegenstand der Forschung ist, muss aktualisiert werden, um an einen bestimmten Gegenstand der Forschung, hier an die Folge von Nukleinsäuren in der DNS, heranzukommen. Diese abgelegten Gestalten des Geistes sind dann konstitutiv für die Erkenntnis dieses Gegenstandes. Sie sind in der Erkenntnis dieses einzelnen Gegenstandes enthalten, und zwar aktuell enthalten, nicht nur als Vorgeschichte dieser Erkenntnis, sondern als zum Untersuchungsinstrument gewordene Erkenntnis, mit der dann dieser Gegenstand untersucht wird. – Im Übrigen ist es eine öde und langweilige Arbeit, eine solche Struktur aufzuklären; es ist von dem her, was technisch-praktisch zu tun ist, immer wieder dasselbe. – Dass die abgelegten Gestalten des Geistes als Instrumente, mit denen die Erkenntnis gewonnen wird, in der Erkenntnis selbst enthalten sind, und zwar aktuell, nicht nur als Vorgeschichte der Erkenntnis, erscheint nicht mehr in der zudem noch falschen Darstellung der Resultate in Biologie- oder Chemiebüchern, in denen dann anstelle der mühsamen Darstellung, wie denn eine solche Sequenz untersucht worden ist, bunte Bildchen sich finden. Diese mühsame Darstellung ist ersetzt worden durch die Feier der Genialität der Forscher, also durch die Feier des noch ungebildeten Geistes, der leeren Substantialität als solcher, des absoluten Wissens, das noch von gar nichts weiß.

Der Begriff der Genialität des Forschers trifft genau das: Es wird nicht mehr gesagt, was die Forscher gemacht haben und wie sie etwas herausgefunden haben, sondern sie werden nur gefeiert als solche, die der Möglichkeit nach etwas haben herausfinden können. Wie es von der Möglichkeit zur Wirklichkeit, zu den Resultaten, gekommen ist, wird in solchen Darstellungen nicht gezeigt. So wird der Geist einer Wissenschaft nur beschworen und nicht erkannt. Das, was heute nicht ganz zu Unrecht Wissenschaftsgläubigkeit heißt, ist der Glaube an diesen Geist, dessen Verhältnis zu den einzelnen Gegenständen der Wissenschaft dem Gläubigen dann mysterium stricte dictu, Mysterium im strengen Sinne des Wortes bleibt. Darum kann diesem Geist dann auch jene Wundertätigkeit zugeschrieben werden, die nach Goethes Wort des Glaubens liebstes Kind ist.[98]

Das vom Wissenschaftsjournalismus geprägte Bewusstsein, das sich über die Metaphysik von Platon, Aristoteles und Thomas, also über längst abgelegte Gestalten des Geistes, erhaben weiß, ist seiner eigenen Gestalt nach magisch. Die Resultate des objektiven Geistes beschwörend, ist ihm seine Teilhabe am objektiven Geist rätselhafter als das Bewusstsein der Teilhabe an dem Geist Gottes in der wenigstens in sich rationalen mystischen Spekulation. Das vom Wissenschaftsjournalismus geprägte Bewusstsein ist nicht etwa über das Mittelalter hinaus, nicht einmal in ihm angekommen, sondern historisch irgendwo zwischen später Steinzeit und Bronzezeit anzusiedeln. Es ist nicht auszuschließen, dass die Publizität und Allgegenwart dieses Bewusstseins dazu beiträgt, die Verhältnisse zu restaurieren, die seinem Stand angemessen sind. Wozu haben wir schließlich eine Demokratie,

98 Vgl. Johann Wolfgang Goethe, *Faust. Eine Tragödie*, mit einem Nachwort von Hanns W. Eppelsheimer, in: dtv-Gesamtausgabe, Bd. 9, München 1968, S. 28.

deren Repräsentanten, nicht nur in Berlin[99], eifrig bemüht sind zu demonstrieren, dass ihnen die Mentalität von Westernhelden aus Filmen der C-Klasse eignet. Ich weiß nicht, ob Sie die Klassifizierung von Western-Filmen kennen, die schon in der Produktion stattfindet. Die Studios projektieren die Filme nach A-Filmen, B-Filmen und C-Filmen. A-Filme sind für den Export, B-Filme sind für die größeren Städte, C-Filme sind für's Land und für's Fernsehen bestimmt. Letztere sind die, die Sie im Fernsehen meistens zu sehen bekommen. C-Filme sind ziemlich einfach daran zu erkennen, dass der Böse den schwarzen Hut trägt. A-Filme sind Kunst; Kunst verweigert sich dem Cliché, also trägt in A-Filmen der Gute den schwarzen Hut. Dass man Politik tatsächlich mit den Clichés von Western-Filmen zureichend interpretieren kann, zeigt sich etwa daran, dass der Oberboss der bayrischen Rinderherden jetzt versucht, seinem Sheriff den schwarzen Hut aufzusetzen.[100]

99 Peter Bulthaup spielt auf die sogenannte Garski-Affäre an: Der Architekt und Bauunternehmer Dietrich Garski (1931–2024) hatte für Immobilienprojekte in Saudi-Arabien Bürgschaften des Landes Berlin in Höhe von 115 Millionen DM für Kredite der landeseigenen Berliner Bank erhalten. Das Unternehmen ging in die Insolvenz, nachdem Saudi-Arabien nach Betrugsverdacht und Bauverzögerungen nicht zahlte und die Berliner Bank die Kredite kündigte. Der Regierende Bürgermeister Dietrich Stobbe (1938–2011) und der gesamte Senat traten daraufhin am 15. Januar 1981 zurück. (Vgl. Benedict Ugarte Chacón: *Auf Sand gebaut. Wie Berlin auf den »guten Ruf« eines Bauunternehmers hereinfiel und Millionen in Saudi-Arabischen Bauprojekten versenkte.* In: Benedict Ugarte Chacón/Michael Förster/Thorsten Grünberg: *Untersuchungsausschüsse: Das schärfste Holzschwert des Parlamentarismus? Ausgesuchte Berliner Polit-Skandale*, Berlin 2020, S. 93–118.)

100 Dies dürfte eine Anspielung auf die im Volksmund »Schwarze Sheriffs« genannten Mitarbeiter eines zu Beginn der 1970er Jahre in Grünwald bei München gegründeten privaten Sicherheitsdienstes

Die Vorstellungen von Unbestimmtheit und Omnipotenz des Geistes, vor allem des Geistes der Naturwissenschaften und der Technik, sind komplementär. Sie sind nicht notwendig mit dem Fortschritt von Wissenschaft und Arbeitsteilung verbunden, denn es ließen sich durchaus Bildungsinstitutionen denken, in denen junge Menschen so gebildet, und nicht ausgebildet würden, dass sie der Entwicklung der Grundbegriffe nach Zugang zu diesen Wissenschaften hätten und damit dann auch ein adäquates Verständnis des gegenwärtigen Standes der Technologie möglich wäre. Die Vorstellungen von Unbestimmtheit und Omnipotenz des Geistes werden allerdings gefördert durch die Entfernung der Inhalte der fortgeschrittenen Wissenschaften von dem alltäglichen Bewusstsein.

Das ist in den Künsten nicht anders, in denen durchaus auch von der Entwicklung der ästhetischen Produktivkräfte gesprochen werden kann, wenn auch die Produktion von Kunstwerken nach wie vor handwerklich bleibt. Werke, die schon vor mehr als fünfzig Jahren komponiert wurden, die der Zweiten Wiener Schule, vermag adäquat zu erfassen und zu hören nur, wer den Stand der technischen Probleme des Komponierens, die in ihnen gelöst sind, sich vergegenwärtigt. Die neuere Musik ist – wie die Wissenschaft – in der arbeitsteiligen Gesellschaft immer mehr zu einer Angelegenheit von Experten geworden,

sein, der im Münchener Stadtgebiet und Umland zu hoheitlichen Zwecken eingesetzt wurde. Die »Schwarzen Sheriffs« gerieten wegen ihres »cowboyartigen Gehabes« (Polizeipräsident Manfred Schreiber) und willkürlicher Gewaltakte u.a. gegenüber Obdachlosen mehrfach in die Kritik. Siehe dazu die Schriftlichen Anfragen des Abgeordneten Schlittmeier an den Bayerischen Landtag sowie die Antworten der zuständigen Staatsminister, auf die sich Bulthaups Bemerkung aus damals tagesaktuellem Anlass beziehen könnte: www.bayern.landtag.de/www/ElanTextAblage_WP09/Drucksachen/0000006500/09-06929.pdf.

was in einem gewissen Maße seit der Entwicklung der Musik zu einer autonomen Kunst immer schon so war. – Die Haydn gewidmeten Quartette von Mozart sind zugleich Studien in Kompositionslehre. – In der Kunst, von der dann allerdings niemand behauptet, dass sie etwas auszurichten vermag, stellt so ein Verhältnis zum Publikum sich her, das dem von Wissenschaft und Publikum analog ist. Auch in der Kunst waltet für den, der nicht ihre Probleme kennt, ein unbestimmter Geist. An dem Modell des Romans *Don Quixote* habe ich versucht Ihnen zu zeigen, wie sehr schon dieser Roman die Literatur und deren Verhältnis zur Realität zum Gegenstand hat, dieses Verhältnis in sich reflektiert. Der Gegenstand der Kunst ist die Form, und die Reflexion der Kunst wird in ihrer Geschichte immer mehr zu der Reflexion auf ihre eigenen Formen. Sie hat durch diese Reflektiertheit in sich eine immanente Tendenz zum l'art pour l'art, zur Kunst um der Kunst willen. Für das Publikum, das die Probleme der Kunst nicht sich vergegenwärtigt – und das, was Sie etwa auf Schallplattenhüllen als Plattenhüllenpoesie zu lesen bekommen, hat nicht im Entferntesten mit der Vergegenwärtigung der Probleme der Kunst zu tun –, soll dann diese Tendenz der immanenten Entwicklung der Kunst zum l'art pour l'art dargestellt werden – in Analogie zur Populärwissenschaft – durch den Künstlerroman. Statt von der Kunst zu handeln, wird von denen gehandelt, die die Kunst machen. Emil Ludwig ist einer der größten Kitschiers auf diesem Gebiet.

Thomas Mann, der die technischen Probleme der Kunst kannte, macht im *Doktor Faustus* den Künstlerroman selbst zum Gegenstand eines Romans, der schon im Titel die Erinnerung an die Magie enthält, der die Bewusstseinsform des der Wissenschaft fremden Geistes von dem Geist dieser Wissenschaft entspricht. Der fiktive Erzähler des Romans ist der Freund des Komponisten Leverkühn, Zeitblom – Thomas Mann hat sehr viel übrig für die Karikatur sprechender Namen –, dem die

Musik in ihrer traditionellen Form zwar nicht fremd ist, wohl aber in ihrer gegenwärtigen. Das benutzt Thomas Mann, um darzustellen, wie das humanistisch und musikalisch gebildete Bewusstsein in Diskrepanz gerät zu seiner eigenen Zeit. Die Handlung des Romans spielt im ersten Drittel dieses Jahrhunderts. Durch das, was der musikalisch Gebildete, der aber nicht auf der Höhe der technischen Probleme der Musik seiner Zeit ist, von diesen Problemen explizit nicht versteht, wird das Negative der hermetisch sich in sich verschließenden Musik der Gegenwart gezeichnet und damit ein Moment des Geistes dieser Musik selbst bestimmt: ihre Negativität, ihre Verschlossenheit, ihr Verstummen. Die Anstrengung der Komposition des Romans besteht darin, dass in ihm beschrieben wird, warum ein Künstlerroman keinen Zugang zu der Kunst eröffnet, und dadurch wird in der Darstellung dieser Unmöglichkeit etwas von dem Geist dieser Kunst vergegenwärtigt. Das Resultat ist eine hoch artifizielle Darstellung der Probleme der Kunst unter dem Schein einer eher traditionellen Erzählweise, so dass es auf den ersten Blick weniger schwierig erscheint, den *Doktor Faustus* zu lesen als etwa den *Ulysses* von Joyce oder gar *Finnegans Wake*, ein Roman, der wohl jemandem, der mit den Sprachgewohnheiten Irlands nicht vertraut ist, letztlich unverständlich bleiben muss. Wenn die Literaturwissenschaft noch zu ihren Gegenständen sich traute, statt etwa unter dem Titel Mediendidaktik sich selbst in einen Club von Amateurfilmern zu verwandeln, so würde sie der kompositorischen Struktur dieses Romans einmal nachgehen. Sie käme darauf, dass in diesem Roman das Universum der Probleme der Kunst in der Gegenwart – das Ganze der Kunst, der Literatur und Musik – in der Eigentümlichkeit der Reflexion auf die Problematik des Künstlerromans dargestellt ist. Darum gibt es die ironische Gestalt des Zeitblom, der über seinen Freund Leverkühn wenigstens eine Art Dokumentarbiographie erstellen will. Dass der Geist das

Selbsterkennen in seinem absoluten Anderssein ist, ist in diesem Roman ernst genommen in der Darstellung der Unzugänglichkeit, in der der Geist der Musik in seiner fortgeschrittenen Form in den Kompositionen der Moderne sich darstellt. Diese sind tatsächlich nicht mehr unmittelbar vom Hören her zu verstehen, zumal wenn, wie in den *Bagatellen für Streichquartett* von Anton Webern, sich eine ganze musikalische Entwicklung, auch im historischen Sinne, auf wenige Takte zusammenzieht. – Die Entfernung der Kunst von der Realität ist thematisch schon im Roman *Der Zauberberg*, das ist der Name eines Sanatoriums,[101] das völlig abgeschnitten ist von den Niederungen der Realität, das in sich ein Universum bildet, in dem aber die Probleme der Realität nicht sich wiederfinden. Normalerweise wird so etwas dann interpretiert als die Spannung von Kunst und Leben bei Thomas Mann, während sich Thomas Mann schon zur Zeit des *Zauberbergs* wesentlich mehr für die Probleme der Kunst als für das Leben interessierte. Nur soweit in der Kunst deren immanente Tendenz, sich zum l'art pour l'art zu verschließen, gegen die Realität thematisch wird, nur soweit enthält sie in mehrfacher Brechung noch eine negative Beziehung zu dem, was gemeinhin und wohl eher zu Unrecht Leben heißt.

Ähnlich ließe einer der anderen großen Romane der Moderne, der *Ulysses*, sich interpretieren als eine Reise durch das zerschlagene Universum der literarischen Tradition. Die abgelegten Gestalten des Geistes kommen in diesem Universum nur noch als Scherben vor. Sie sind zerstört, und in ihrer Zerstörtheit ist die Destruktion der literarischen Überlieferung und des literarischen Bewusstseins erfasst, das, wenn es sich der Überlieferung erinnert, der es sich selbst verdankt, nur noch Erinnerungsfetzen, nur noch Scherben zu fassen bekommt,

101 Hier irrt Bulthaup. Das Sanatorium in seinem Roman *Der Zauberberg* nannte Thomas Mann »Berghof«.

die es dann nicht mehr zu entschlüsseln vermag. Deswegen ist *Finnegans Wake* eine konsequente Fortsetzung des *Ulysses*, denn dort ergreift das reflektierende Bewusstsein den Prozess der Sprachzerstörung selbst, indem von der Sprache selbst nur noch Elemente übrig bleiben, die dann pointiert werden in einer Folge von Sprachspielen.

Noch in dem, was der klassizistischen Vorstellung von der Bildung des Geistes als einer Stufenfolge von Gestalten des Geistes widerspricht, nämlich in der Darstellung der Zerstörung der literarischen Tradition, bewährt sich Hegels Vorstellung von der Gegenwart des Ganzen des Geistes in der Eigentümlichkeit einer jeden seiner Bestimmungen. Denn die Skizze dessen, was der Gegenstand im *Doktor Faustus* und der Gegenstand im *Ulysses* ist, zeigt vielleicht, dass die Tradition wesentlicher Bestandteil des Romans ist, dass aber diese Überlieferung – und da liegt der Unterschied von Kunst und beispielsweise Naturwissenschaften – nicht einfach positiv aufgenommen wird, sondern eine Tendenz der Überlieferung, die, dass sich die Kunst zunehmend in sich selbst, im l'art pour l'art, verschließt, wird dort zum Gegenstand gemacht und damit auch die Absage der Kunst an die Verständlichkeit und das Publikum. In den Naturwissenschaften sind die abgelegten Gestalten des Geistes positive Instrumente zur Lösung gegenwärtiger Probleme. In der Literatur sind die abgelegten Gestalten des Geistes zwar noch präsent, aber in einer reflektierten, nicht in einer unmittelbaren Form; sie sind nicht Instrumente, sondern Gegenstand der Reflexion. Wenn es stimmt, was ich versucht habe, Ihnen an dieser Stelle nur zu exponieren, dann heißt das, dass die literarische Tradition, mit einiger Konsequenz, in ihrer Destruktion in der Moderne sich vollendet. In der Moderne, ausgerechnet im nur noch mit sich selbst beschäftigten l'art pour l'art, meldet sich der Protest an gegen das, was der Idealist Hegel die Aufhebung des Daseins und die Stufenfolge das Geistes in seiner historischen

Entwicklung nennt; denn wenn der Geist in der Destruktion der Tradition terminiert, dann kann er nicht diese positive Stufenfolge seiner Gestalten sein.

»Was auf dem Standpunkte, auf dem wir diese Bewegung hier aufnehmen, am Ganzen erspart ist, ist das Aufheben des Daseyns; was aber noch übrig ist und der höheren Umbildung bedarf, ist die *Vorstellung* und die *Bekanntschaft* mit den Formen. Das in die Substanz zurückgenommene Daseyn ist durch jene erste Negation nur erst *unmittelbar* in das Element des Selbsts versetzt; dieses ihm erworbene Eigenthum hat also noch denselben Charakter unbegriffener Unmittelbarkeit, unbewegter Gleichgültigkeit, wie das Daseyn selbst, dieses ist so nur in die *Vorstellung* übergegangen.«[102] Was erspart werde, sagt Hegel, sei die Darstellung, wie es aus dem Dasein, einem Seienden, zu der Vorstellung von diesem Dasein komme. Nur die Vorstellungen von dem Dasein können zueinander intellektuell in Beziehung gebracht werden, da man nicht die Gegenstände selbst in die Form eines Urteils kleben kann. – Das geht zurück auf Kant, bei dem die Spontaneität des Verstandes die Formen der Urteile begründet und diese die Synthesis von Vorstellungen, das Zusammenfassen von Begriffen im Urteil begründen.[103] – Für Hegel ist der Gegenstand der Wissenschaft eine Vorstellung vom Dasein und nicht das Dasein, wie es selber in seiner gegenständlichen Gestalt existiert. Wie es von dem Dasein zu dieser Vorstellung komme, sei in dieser Darstellung, also in der der *Phänomenologie des Geistes*, erspart. In der Tradition ist es dazu gekommen dadurch, dass die Verwechslung von Vorstellungen mit Daseiendem selbst kritisiert worden ist. So

102 Hegel, *Phänomenologie des Geistes*, a. a. O., S. 32, (vgl. HW 3, S. 34 f.).

103 Vgl. Kant, *Kritik der reinen Vernunft*, a. a. O., §§ 9-27, bes. S. 108 ff. (B 93 ff. | A 68 ff.) (*Die Analytik der Begriffe, 1. und 2. Hauptstück*).

galt in der Ontologie der Begriff zugleich für die Bezeichnung der Substanz des Daseienden, das begriffen werden sollte. Die Kritik daran fragte nach dem Ort dieser Substanz des Daseienden im Unterschied zum Daseienden selbst. Das Resultat war, dass der Begriff doch nur in mente, im Bewusstsein, nicht in den Gegenständen selbst sein konnte. Daraus folgte, dass an den Gegenständen nur das wirklich war, wodurch sie vor den Subjekten ihre Gegenständlichkeit auswiesen, und das waren die Wahrnehmungen, am Ende die Empfindungen. Durch diese erkenntnistheoretische Reflexion wird die ganze gegenständliche Welt schon aufgefasst in der Form der Modifikation des Bewusstseins durch diese gegenständliche Welt. Was jenseits dieser Modifikation des Bewusstseins noch gegenständlich ist, ist aufgezehrt von der erkenntnistheoretischen Reflexion, da sich die Außenwelt unabhängig und jenseits von der Empfindung nur noch behaupten lässt. Hegel sagt, dadurch sei das Dasein schon in der Vorstellung aufgehoben. Was Gegenstand des Geistes ist, ist also nur diese Vorstellung, nicht mehr das Dasein selbst. Diese Vorstellung ihrerseits sei aber so blind wie das Dasein selbst. Sie sei, wie bei Kant das von ihm so genannte Mannigfaltige, gegeben, und der Unterschied bestehe nur darin, dass in ihr das Dasein von der erkenntnistheoretischen Reflexion in die Sphäre der Erscheinungen gesetzt werde, aus der Sphäre der daseienden Dinge in die Sphäre dessen, was den Subjekten erscheine. Der Bestimmtheit nach werde dadurch an den Gegenständen nichts geändert. »Das in die Substanz zurückgenommene Daseyn ist durch jene erste Negation nur erst *unmittelbar* in das Element des Selbsts versetzt;« – es ist nun aufgefasst als Bewusstseinsdatum, ohne dass ein weiterer Unterschied zwischen Bewusstseinsdatum und Gegenstand angegeben werden könnte – »dieses ihm erworbene Eigenthum hat also noch denselben Charakter unbegriffener Unmittelbarkeit, unbewegter Gleichgültigkeit, wie das Daseyn selbst, dieses ist so nur in die *Vorstellung* übergegangen. – Zugleich ist es damit ein *Bekanntes*, ein solches, mit dem der daseyende Geist fertig geworden, worin daher seine Thätigkeit und somit sein Interesse nicht mehr ist.«[104] – Die Vorstellung ist immer schon die Vorstellung, die Subjekte haben. Sie ist selbst, als diese Bestimmung Vorstellung zu sein, durch die erkenntnistheoretische Reflexion vermittelt und damit zum Eigentum des Subjektes geworden. Als Eigentum des Subjektes in der Vorstellung ist das Dasein nichts mehr ihm Transzendentes und damit ist die Tätigkeit, das Dasein in diese Vorstellung aufzuheben, nicht mehr ein Interesse des Geistes. »Wenn die Thätigkeit, die mit dem Daseyn fertig wird, selbst nur die Bewegung des besondern, sich nicht begreifenden Geistes ist, so ist dagegen das Wissen gegen die hierdurch zu Stande gekommene Vorstellung, gegen dieß Bekanntseyn gerichtet, es ist Thun des *allgemeinen Selbsts* und das Interesse des *Denkens*.«[105] Die Tätigkeit, die mit dem Dasein fertig werde, sei selbst nur die Bewegung des besonderen sich nicht als Geist begreifenden Geistes. Die Tätigkeit, die sich die daseiende Realität aneignet, hat ein Moment von Blindheit nicht nur gegen das, was sie sich aneignet, sondern auch gegen sich selbst. Ich möchte Ihnen das daran, wie die Bedeutung tradierter Begriffe erfasst wird, verständlich machen. Das Erfassen der Bedeutung tradierter Begriffe, z.B. des Begriffs der species, ist nicht möglich, ohne dass zugleich auf einen Gegenstand, der zu dieser species gehört, hingewiesen wird. – Das, was ich selbst schon einmal erlebt habe, dass alles Behaarte für ein Kind erst einmal ›Wauwau‹ ist und ich deswegen einen bärtigen Menschen als ›Wauwau‹ bezeichnete, ist eine Form der Wahrnehmung, in der spezifische Differenzen, die die Unterschiede bestimmen, für das Bewusstsein noch nicht existieren.

104 Hegel, *Phänomenologie des Geistes*, a.a.O., S. 32, (vgl. HW 3, S. 34f.).
105 A.a.O., S. 32f., (vgl. HW 3, S. 35).

Das ›Wauwau‹ dieser idiotischen Kindersprache ist meistens die Sprache infantiler Erwachsener, die ihre eigene Infantilität, von der sie meinen, dass sie das Glück sei, in die Kinder projizieren. – Das Deiktische, das Hinweisende, ist eine Geste, die nicht aufgelöst werden kann in eine Bestimmung des Geistes selber, die nicht aufgelöst werden kann in ein Urteil. Die Bestimmung der Klassen von Gegenständen ist zwar eine intellektuelle Tätigkeit, die aber verwiesen ist auf etwas, was selbst ganz dem Dasein angehört, nämlich auf das Hinweisende, Bezeichnende, und deswegen, so Hegel, ist die Tätigkeit der sich nicht begreifende Geist, der aber die Hauptarbeit zu leisten hat, die sinnigerweise erspart wird, indem nämlich in der *Phänomenologie des Geistes* direkt von Bewusstseinsdaten ausgegangen wird.[106] Hegel sagt, unter der Voraussetzung, dass es schon Vorstellungen seien, könne das, was als Vorstellung bekannt sei, auch erkannt werden, indem sein Zusammenhang mit Anderem in dem allgemeinen Selbst, der transzendentalen Einheit der Apperzeption, bestimmt werde; darin liege das Interesse des Denkens. Für die ausgeführte Reflexion, so die Hegel'sche Bestimmung, ist es die Selbstentwicklung dieser Bewusstseinsformen, die immer sich selbst zum Gegenstand der Reflexion haben, immer schon Bekanntes, nie ein äußerliches Dasein, so dass der Gegenstand immer schon in die Form der Vorstellung transponiert ist.

Die ausgeführte Reflexion auf die Form, auf die Mittel der Darstellung, macht diese selbst, die Form, zum Gegenstand der Darstellung. In der Kunst besteht genau darin die Entwicklung zum l'art pour l'art, dass das Artefakt als etwas, das gemacht ist, sich in sich verschließt zu einem blinden Unzugänglichen, bloß Daseienden, das wieder aufersteht durch die Reflexion auf die eigene Form und dadurch erweist, dass die Tätigkeit nicht – wie

106 Vgl. a. a. O., S. 81–92 (*Die sinnliche Gewißheit oder das Dieses und das Meinen*), (vgl. HW 3, S. 82–92).

Hegel es behauptet – mit dem Dasein fertig wurde, dass diese Tätigkeit das Dasein nicht restlos in die Vorstellungen zu verwandeln vermochte. Das Unverwandelte des Daseins, dessen Materialität, kehrt als technisches Problem der Darstellung dessen, was der Geist sich schon assimilierte, wieder. Es ist einfach nicht so – das macht die Kritik an dem Hegel'schen Klassizismus so schwierig –, dass man sagen könnte, hier sei die Vorstellung und unabhängig davon gebe es die Realität, auf die man nur zu verweisen brauche. Das führt immer wieder zu dem Argument Lenins[107] von dem Baum, vor den man dann doch laufen solle, der aber seine Existenz immer nur durch die Bewusstseinsdaten ausweist. Daran, dass in der Darstellung Probleme auftreten, zeigt sich, dass der Geist sich nicht selbst genug ist, dass die Darstellung dessen, was der Geist sich schon assimilierte, problematisch wurde. – Das macht dann auch den Fortgang der Entwicklung des Geistes bei Hegel aus. – Diese Erfahrung macht, wer einmal in der Wissenschaft ein wenig fortgeschritten ist. Je mehr ein Gegenstand intellektuell durchdrungen ist, um so mehr Schwierigkeiten bereitet die Darstellung der Erkenntnis dieses Gegenstandes, weil dann an dem Gegenstand das Universum des Geistes sich erschließt – gerade an dem Individuellen das Allgemeine. Das unauflösliche materielle Moment des Daseins wird im Glücksfall, den keine Methode garantieren kann, zum Kristallisationskeim der Darstellung. Es ist genau das Moment von Blindheit des Geistes gegen sich selbst, durch das erst etwas zur Vorstellung werden und in der Reflexion auf diese Vorstellung zur Erkenntnis werden kann. Soweit der Versuch der Andeutung einer materialistischen Kritik an dem Klassizismus des Hegel'schen Wissenschafts- und Bildungsbegriffs.

107 Auf welche Formulierung bei Lenin Bulthaup sich an dieser Stelle bezieht, war nicht zu ermitteln.

12. Vorlesung
27.01.1981

Zu Beginn dieser Vorlesung möchte ich eine Bemerkung aufnehmen, die ein Kommilitone – wenn ich das Wort richtig verstehe ein Mitkämpfer – nach der letzten Vorlesungsstunde machte: Diese Vorlesung sei nun keine Vorlesung zur Einführung in die Philosophie mehr. Mir fiel daraufhin zunächst ein, dass eine Einführung, die bei der Einführung stehenbleibt, so wenig eine Einführung ist wie ein Anfang, der Anfang bleibt, einer ist. So richtig diese Replik ist, sie wird doch der Bemerkung nicht ganz gerecht, weil in dieser Vorlesung nicht nur der Schwierigkeitsgrad sich änderte, sondern auch die Tendenz. Diese Veränderung der Tendenz ist zu bezeichnen als eine von der der Erläuterung zum Kommentar. Der Unterschied von Erläuterung und Kommentar ist am einfachsten am Modell der scholastischen Methode darzustellen. Einer der Teile der scholastischen Methode, neben der disputatio, war die lectio, die Vorlesung eines Textes, zu dem dann Erläuterungen und Kommentare vorgetragen wurden. Die überlieferten Texte, die so vorgelesen wurden, stammten nicht durchweg aus der Tradition, der Überlieferung der christlichen Theologie, galten aber gleichwohl als Autoritäten, so sehr, dass in den Schriften des Thomas von Aquin diese Autoren nicht mehr mit ihren Namen genannt wurden, sondern als ›der Philosoph‹, gemeint war Aristoteles, und ›der Kommentator‹, gemeint war Averroes, bezeichnet wurden. Aristoteles und der islamische Philosoph und Theologe Averroes sind kaum der christlichen Überlieferung zuzurechnen. Die Texte der heidnischen Autoren fügten sich nicht von selbst mit den kanonischen Texten der Bibel und der Kirchenväter zu einer widerspruchsfreien Einheit. Sie fügten sich nicht von selbst zu dem, was damals concordantia catholica hieß.

Dazu möchte ich eine längere Anmerkung machen. Alle Wissenschaft steht unter der Bedingung, dass die wahren Sätze dieser Wissenschaft einander nicht widersprechen dürfen. Alle Wissenschaft steht unter der Bedingung der Widerspruchsfreiheit. Sätze, die zueinander in dem Verhältnis des Gegensatzes oder des Widerspruchs stehen, können in diesem Verhältnis zueinander nur stehen, wenn sie unmittelbar oder mittelbar logisch aufeinander zu beziehen sind. Mittelbar sind sie logisch aufeinander zu beziehen, wenn es ein tertium comparationis, ein Drittes, gibt, in dem sie zu vergleichen sind, in dem sie sich widersprechen oder in dem sie übereinstimmen können. Wenn einer behauptet, sein Auto habe ein automatisches Getriebe, und ein zweiter entgegnet, nein, seines habe einen Vierzylindermotor, dann ist das weder ein Gegensatz noch ein Widerspruch, denn die Aussagen beziehen sich weder auf dasselbe logische Subjekt, noch würden die Prädikate, wären sie auf dasselbe logische Subjekt bezogen, sich wechselseitig ausschließen. Auch die Sätze ›Insulin ist ein Naturprodukt, das aus den Langerhansschen Inseln der tierischen Bauchspeicheldrüsen gewonnen wird‹ und ›Cortison lässt sich durch Totalsynthese aus den Elementen Kohlenstoff, Wasserstoff und Sauerstoff herstellen‹ widersprechen sich nicht. Aber die Sätze ›Alle organischen Verbindungen – zu denen Insulin und Cortison gehören – lassen nur aus Organismen sich isolieren‹ und ›Es gibt organische Verbindungen, die durch Totalsynthese aus den Elementen herzustellen sind‹ stehen zueinander im Verhältnis des Widerspruchs, denn die Prädikate ›sind nur aus Organismen zu gewinnen‹ und ›sind durch Totalsynthese herzustellen‹ schließen einander aus, wenn sie auf dasselbe logische Subjekt, auf ›alle organischen Verbindungen‹, bezogen sind. ›Organische

Verbindungen‹ wäre dann das tertium comparationis von Insulin und Cortison. Durch das tertium comparationis, auf das bezogen Prädikate einander logisch ausschließen können, wird zugleich die systematische Einheit und Widerspruchsfreiheit einer Wissenschaft ermöglicht, da erst bezogen auf das tertium comparationis überhaupt Widersprüche sich feststellen lassen; zugleich wird es dadurch möglich, dass durch die Oberbegriffe die Sätze der Wissenschaft die Form eines systematischen Zusammenhangs in diesen obersten Sätzen bekommen. Systematische Einheit und Widerspruchsfreiheit sind säkularisierte Formen der concordantia catholica.

Weil nun die Texte der heidnischen Autoritäten mit denen der Patristik und denen der Bibel, dem geoffenbarten Wort Gottes, sich nicht von selbst zur concordantia catholica fügten, bedurften beide, sowohl die Sätze der heidnischen Autoren als auch die der Bibel, des Kommentars, der Erläuterung, die auch Textkritik war. Das bedeutete keine Verdrehung des Textes, obwohl auch das vorkam, sondern den Versuch, die Wahrheit des Textes zu erkennen, so dass dieser Text sich in den corpus der unter der concordantia catholica schon bestehenden Lehre einfügen ließ und damit für alle Subjekte seine Wahrheit dieselbe war. Dieser Versuch entsprang nicht, wie in der *Geschichte der Philosophie* von Ueberweg, deren erste beiden Bände ansonsten recht zuverlässig sind, zu lesen steht, den Harmonisierungsbestrebungen des Mittelalters[108], sondern es war der Versuch einer systematischen und widerspruchsfreien Darstellung der Theologie als Wissenschaft. Die großen ausgeführten Systeme, die ›summae‹ hießen, obwohl sie eben mehr als Summen waren, weil alle Sätze unter der Bedingung der concordantia catholica standen, waren

108 Vgl. Friedrich Ueberweg, *Grundriss der Geschichte der Philosophie*, Bd. 2 (*Die patristische und scholastische Philosophie*), hrsg. v. Bernhard Geyer, Darmstadt 1967, S. 157.

der erste Versuch nicht systematischen Philosophierens, das beginnt wesentlich früher, aber der Ausführung eines als System gewussten Systems der Philosophie und damit das Modell der neuzeitlichen Wissenschaft.

Diese Vorlesung hält sich zwangsläufig an das Modell der lectio, der Erläuterung und des Kommentars von Texten. Erläuterung und Kommentar wären dann nicht zu unterscheiden, wenn die Geschichte der Philosophie selbst die systematische Entwicklung der Wahrheit wäre, wenn sie also der Vorstellung, die Hegel in der Vorrede zur *Phänomenologie* skizziert, folgte. Folgt die Geschichte der Philosophie dieser Vorstellung nicht, dann ist entweder die Geschichte der Philosophie und die Philosophie Hegels mit ihr nur noch von antiquarischem Interesse, oder die Stellung des Gedankens zu seiner Vorgeschichte wird problematisch. Das verlangt dann von der Darstellung eines Textes aus der Geschichte der Philosophie einmal eine immanente Bestimmung der Gedanken, die in dem Text niedergelegt sind, also Erläuterung und, da Gedanken, die nicht wahr sind, auch unverständlich bleiben müssen, eine Kritik der in dem Text niedergelegten Gedanken; eine Kritik, die nicht dazu veranlassen soll, nun den Text zum Antiquar zu tragen, sondern eine, die diesen Text als ihre eigene Voraussetzung anerkennt, ohne jedoch aus dieser Voraussetzung selbst schon den wahren Begriff von Wissenschaft bestimmen zu können. Hierin besteht die Schwierigkeit, Ihnen den Wissenschaftsbegriff des Deutschen Idealismus zu erläutern, unter der Voraussetzung meiner Überzeugung, dass dieser Wissenschaftsbegriff nicht unbedingt der wahre Begriff von Wissenschaft ist.

Den Wissenschaftsbegriff des Idealismus als Gegenstand der Kritik zunächst seinen immanenten Bestimmungen nach zu entwickeln, damit die Kritik nicht ins Leere trifft und keinen Gegenstand mehr hat, ist keine didaktische Veranstaltung, sondern selbst die Folge einer historischen Situation, in der das Verhältnis zur Überlieferung selbst brüchig geworden ist und Kritik die Unterscheidung an einem Gegenstand ist, der historisch schon der abstrakten Negation verfiel. Marx hatte es noch einfacher, insofern die politische Ökonomie in Gestalt der Theorien von Smith und Ricardo sich selbst für das adäquate Selbstbewusstsein der bürgerlichen Gesellschaft hielt und Marx durch die immanente Kritik, durch die Darstellung der Antinomien, der Widersprüche, in die diese Theorien sich verwickelten, zugleich mittelbaren Zugang fand zu den Produktionsverhältnissen, als deren Selbstbewusstsein diese Theorien sich nicht zu Unrecht darstellten. Ist aber das Verhältnis von Theorie und Gesellschaft das einer abstrakten Negation der Theorie und gilt sich die Theorie selbst nicht mehr als intellektuelle Erfassung der Realität, als »*ihre Zeit in Gedanken*«[109] erfassend, sondern entweder als bloßes Herumtreiben in dem Antiquariat der Geistesgeschichte, wofür man keinen weiteren Grund angeben kann als den, dass sie nun mal da ist und antiquarisch verwaltet werden muss, oder als bloße Modellstudie, von der explizit behauptet wird, sie habe mit der Realität nichts zu schaffen, sondern sei ein Modell – lesen Sie einmal in dieser Beziehung Vorworte und Einleitungen zu modernen Lehrbüchern der Volkswirtschaft –, dann lässt sich durch die Kritik an einer Theorie, die sich selbst für gegenstandslos erklärt, auch kein Gegenstand mehr erfassen. Dadurch ist es heute notwendig geworden, den Gegenstand, durch den hindurch gesellschaftliche Verhältnisse oder der gegenwärtige Stand der Wissenschaft zu begreifen wären, noch einmal zu exponieren, darzustellen, selbst dann, wenn diese Theorie für sich genommen nicht wahr ist. Andernfalls

109 Hegel, *Grundlinien der Philosophie des Rechts*, in: Sämtliche Werke, Bd. 7, hrsg. v. H. Glockner, Stuttgart/Bad Cannstatt 1964, S. 35, (vgl. Hegel, *Grundlinien der Philosophie des Rechts*, in: Hegel Werke 7, Frankfurt a. M. 1986, S. 26).

säße man der Illusion auf, es sei möglich, aus den empirischen Gegebenheiten, die ohnehin kein Mensch überschauen kann, direkt die Theorie dieser empirischen Gegebenheiten zu destillieren, was Unfug ist, weil man Begriffe benutzen muss, die eine lange Tradition haben.

Es hieße mit Hegel die Geschichte zum Weltgericht[110] zu machen, wenn die historisch vollstreckte Negation der Philosophie als Vollstreckung des Urteils über ihre Wahrheit angesehen würde. Paradox ist darum mein Versuch, Ihnen Hegels Begriff von Wissenschaft zu retten, zugleich ein Einspruch gegen die Hegel'sche Philosophie, in der immerhin steht, dass die Weltgeschichte das Weltgericht sei. Was dazu nötigt, den Hegel'schen Begriff von Wissenschaft gegen Hegel selbst zu verteidigen, lässt unabhängig von der Darstellung dieses Begriffs sich nicht zeigen. Der erste Punkt der Kritik, den ich versucht habe Ihnen in der letzten Vorlesung vorzutragen, war, dass der Gegenstand der Wissenschaft bei Hegel schon Resultat der Tätigkeit ist, die mit dem Dasein fertig geworden ist, und dass diese Tätigkeit für die des besonderen, sich selbst nicht begreifenden Geistes angesehen wird. Diese Auffassung geht auf eine Vorstellung zurück, die bei Aristoteles in der *Nikomachischen Ethik*[111] entwickelt ist; eine Vorstellung, der zufolge es von den Gegenständen des Handelns keine Wissenschaft geben könne, denn diese Gegenstände seien durch das Handeln veränderbar, ihre Bestimmtheit sei also immer Resultat der Willkür des Handelnden, so dass

110 Vgl. Hegel, *System der Philosophie. Dritter Teil. Die Philosophie des Geistes*, in: Sämtliche Werke, Bd. 10., hrsg. v. H. Glockner, Stuttgart/Bad Cannstatt 1965, S. 426 f., (vgl. Hegel, *Enzyklopädie der philosophischen Wissenschaften im Grundrisse. Dritter Teil. Die Philosophie des Geistes*, in: Hegel Werke 10, Frankfurt a. M. 1970 [im Folgenden: HW 10], S. 347 f.).

111 Vgl. Aristoteles, *Nikomachische Ethik*, a. a. O., S. 126 f. (1140a-b), siehe Anmerkung 2.

sie als bloßes Material, die nur durch die Handlung gesetzte Bestimmtheit aufnehmen könnten, also bloße Materie, δύναμις, Möglichkeit seien. Die Materie als Möglichkeit vermag einander entgegengesetzte Bestimmungen aufzunehmen und ist von sich aus nicht das logische Subjekt, auf das bezogen einander entgegengesetzte Prädikate sich widersprechen würden. Alle Bestimmtheit käme dann aus den Subjekten der Handlung, auch die Bestimmtheit, die erst das ausmacht, was etwas ist, was sein Wesen, seine Substanz, ist. – Der logischen Bestimmung nach ist die Substanz das, von dem etwas ausgesagt wird, das nicht von Anderem ausgesagt werden kann. Der ontologischen Bestimmung nach ist sie das Wesen. Im Kirchenlatein heißt es dann die quidditas[112], die Washeit. – Die Hegel'sche Formulierung, das Wahre sei nicht als Substanz, sondern ebensosehr als Subjekt aufzufassen[113], drückt so den absoluten Vorrang der Praxis vor den Gegenständen der Praxis aus, die durch diesen absoluten Vorrang der Praxis zum bloßen Material depotenziert werden. Die Entwicklung der Wissenschaft ist dann die freie Selbstentfaltung des Subjekts, und der Geist kann nicht mehr das Selbsterkennen im absoluten Anderssein sein, denn dies Anderssein wurde zur bloßen Materie, die für sich nichts ist, herabgesetzt. Die »Vermittlung« zwischen Selbsterkennen und Anderssein ist dann »nichts anderes als die sich bewegende Sichselbstgleichheit, oder sie ist die Reflexion in sich selbst, das Moment des fürsichseyenden Ich, die reine Negativität oder, auf ihre reine Abstraktion herabgesetzt, das *einfache Werden.*«[114] Nun ist dieser Satz Hegels nicht ohne weiteres verständlich, und

112 Der Begriff ›quidditas‹ kommt als philosophischer Terminus vor allem bei Johannes Duns Scotus vor.
113 Siehe Anmerkung 11.
114 Hegel, *Phänomenologie des Geistes*, a. a. O., S. 25, (vgl. HW 3, S. 25).

ich möchte Ihnen zur Vergegenwärtigung dessen, was »reine Negativität« heißt, noch einmal das Verhältnis von urteilendem Subjekt und Subjekt des Urteils im negativen Urteil darstellen. Das urteilende Subjekt verfügt über die Funktion des Urteils, die Kategorie Negation, die das Subjekt des Urteils negativ auf das Prädikat bezieht. Für Hegel ist nun die Negation eine Funktion im Urteil, aber nicht dieses Urteil selbst. Die Negation unterscheidet sich, das heißt, das ›ist nicht‹ bezieht sich einmal negativ auf das, was unter die Negation fällt, und es bezieht sich, da das ›ist nicht‹ nicht das Urteil selbst ist, sondern zunächst nur die reine Kategorie Negation ausdrückt, negativ auf sich selbst. Die sich auf sich beziehende reine Negativität ist bei Hegel die Negation, die sich vermöge ihrer negativen Beziehung auf sich selbst bezieht, auf das, was unter ihr steht, auf die negativen Urteile, durch die das Seiende erst unterschieden wird. In der sich negativ auf sich beziehenden Kategorie Negation soll dann jede Unterscheidung und damit alles Unterschiedene schon enthalten sein; das absolute Anderssein soll zur Selbsterkenntnis werden oder qua Negation der Selbsterkenntnis in diese selbst fallen. Wenn es heißt, das urteilende Subjekt sei selbst die absolute Negativität, so ist das genau nach dem Modell der Beziehung der Kategorie Negation auf die negativen Urteile im unterscheidenden Urteil bestimmt. Die Negation bezieht sich auf sich selbst und ist, so Hegel, Reflexion in sich selbst und als Reflexion in sich selbst habe sie die Struktur des Selbstbewusstseins. Durch diese Reflexion in sich selbst soll sie in dieser Reflexion die ihr immanente Beziehung auf ihr absolutes Anderssein enthalten.

Das ist der Form der Urteile über das Verhältnis von urteilendem Subjekt und Urteil nach sicher richtig. Diese Form ist aber das Resultat der Tätigkeit des besonderen, sich selbst nicht begreifenden Geistes, in dessen Tätigkeit das Moment der Materialgerechtigkeit, das, was ich einmal versucht habe als das artistische Moment im technisch-praktischen Teil der Aneignung der Gegenstände durch die Wissenschaft zu bestimmen, unterschlagen ist. Es ist unterschlagen, weil es in subjektive, rein logische Bestimmungen nicht sich auflösen lässt. Wird dieses Moment unterschlagen, so lässt sich sagen, der Geist, auch der subjektive, habe es nicht mehr mit Gegenständen zu tun, sondern nur noch mit Urteilen über Gegenstände, und in diesen Urteilen über Gegenstände stecke er qua logischer Funktion, qua Kategorie, immer schon selbst.

Ich möchte ganz kurz darauf hinweisen, dass es eine analoge, allerdings dann zur Parodie gewordene Kontroverse im frühen logischen Empirismus gibt hinsichtlich der Frage, was denn Protokollsätze seien und was Gegenstand der Protokollsätze sei. Schlick behauptete, Protokollsätze hätten nur einen Sinn, wenn auch etwas protokolliert werde, wenn sie einen Gegenstand hätten. Ein logisch geschliffener Positivist wie Neurath hatte dann gesehen, dass man dann etwas, das logisch ist, in Beziehung setzen müsse auf etwas, das nicht logisch ist, nämlich auf den Sachverhalt, der protokolliert werden solle, und sagte, mit diesen Sachverhalten als empirischen Gegenständen, die man ja nicht in ein Lehrbuch kleben könne, habe die Wissenschaft nichts zu tun; diese sei ein System von Sätzen. Die Protokollsätze sind dann aber a se, und ihre Widerspruchsfreiheit ist das einzige Kriterium, nach dem ihre Wahrheit oder Unwahrheit beurteilt werden kann. Das ist dann die Genesis einer von jedem Inhalt gesäuberten Formalsprache gewesen. Diese Kontroverse finden Sie in der Zeitschrift *Erkenntnis* dokumentiert.[115] Logische Konsequenz ist dem Irrsinn, dass es Protokollsätze gibt, die nichts mehr protokollieren, nicht abzusprechen. Es handelt sich sozusagen um eine späte Variante der Hegel'schen Theorie,

115 Vgl. *Erkenntnis*, hrsg. v. Rudolf Carnap und Hans Reichenbach, Bd. 3 (1932/33), Felix Meiner Verlag, Leipzig.

die sinnigerweise von militanten Anti-Hegelianern vorgetragen worden ist, deren Anti-Hegelianismus aber auf einer glücklichen Einheit von Unkenntnis und Unverständnis beruhte.

Dass das Moment des Artistischen im technisch-praktischen Teil der Aneignung der Gegenstände durch die Wissenschaft in rein logische Bestimmungen nicht sich auflösen lässt, nötigt den Idealisten Hegel, der dieses materialistische Moment in dem, was die Tätigkeit des blinden, sich selbst nicht erkennenden Geistes ist, durchaus erwähnt, dazu, doch von den Resultaten der Wissenschaft auszugehen als von dem schon »erworbene[n] Eigenthum«[116] des Geistes. Die *Phänomenologie des Geistes* beschreibt dann die Geschichte des wissenschaftlichen Bewusstseins als eine Archäologie, wenn nicht gar als eine Paläontologie der nicht nur abgelegten, sondern auch abgestorbenen Gestalten des Geistes. Dass die *Phänomenologie des Geistes* dann doch nicht nur eine Paläontologie der abgestorbenen Gestalten des Geistes ist, zeigt sich daran, dass sich bei Hegel, wie bei allen großen Philosophen, die artistische Materialgerechtigkeit gegen die idealistische Generalthesis behauptet, auch und gerade dort, wo bei der individuellen ganzen Gestalt, die nach Hegel absolut betrachtet werden muss, verweilt wird. Hegel selbst hat die Möglichkeit der Depotenzierung der Geschichte des Geistes zur Paläontologie seiner abgelegten Gestalten begründet gesehen durch die Notwendigkeit zur Entäußerung, die eben aus der reinen Negativität folgt; denn die Negation an und für sich ist nicht einmal ein Gegenstand des Denkens. Die Negation ist nur zu denken durch das Verhältnis von Kategorie der Negation, die nicht das negative Urteil ist, und dem, was in dem negativen Urteil unterschieden wird; denn das negative Urteil enthält eine Unterscheidung, die, wenn sie sachlich richtig ist, auf

116 Hegel, *Phänomenologie des Geistes*, a. a. O., S. 32, (vgl. HW 3, S. 34).

Unterschiedenes geht. Das wäre nach Hegel selbst das Thema der Entäußerung des Geistes, der die Gestalt der Äußerlichkeit annimmt in dem fixierten Verstandesurteil ›A ist nicht B‹, in dem A und B unterschieden sind. Aus dieser Notwendigkeit zur Entäußerung existiert der Geist nur in einer solchen entäußerten Gestalt, denn für sich ist er reine Negation, also Nichts. Dazu möchte ich Ihnen ein etwas längeres Zitat vorlesen. »Für diese Art der Indifferenz,« – gegenüber den abgestorbenen Gestalten des Geistes als Gegenstand der Paläontologie – »wenn sie bis zur Neugierde aus sich herausgeht, giebt es nichts Angelegentlicheres, als einer neuen ausgebildeten Philosophie einen Namen zu geben, und, wie Adam seine Herrschaft über die Thiere dadurch ausgesprochen hat, daß er ihnen Namen gab, die Herrschaft über eine Philosophie durch Findung eines Namens auszusprechen. Auf diese Weise ist sie in den Rang der Kenntnisse versetzt.«[117] – Das ist eine ironische Formulierung. Wenn ein Name für eine Philosophie gefunden wurde, z. B. Idealismus, so scheint schon die Herrschaft über diese Philosophie gesichert in dem erhebenden Bewusstsein, zu wissen, dass auf keinen Fall das wahr sein kann, was als Idealismus sich bezeichnen lässt; so wird dieses Bewusstsein in den vermeintlichen Rang einer Kenntnis gehoben. – »Kenntnisse betreffen fremde Objekte; in dem Wissen von Philosophie, das nie etwas Anderes, als eine Kenntniß war, hat die Totalität des Innern sich nicht bewegt, und die Gleichgültigkeit ihre Freiheit vollkommen behauptet.« Dann ist die Philosophie nur noch von antiquarischem Interesse. –

117 Hegel, *Differenz des Fichteschen und Schellingschen Systems der Philosophie*, in: *Aufsätze aus dem kritischen Journal der Philosophie und andere Schriften aus der Jenenser Zeit*, Sämtliche Werke, Bd. 1, hrsg. v. H. Glockner, Stuttgart/Bad Cannstatt 1965, S. 39, (vgl. Hegel, *Differenz des Fichteschen und Schellingschen Systems der Philosophie*, in: Hegel Werke 2: Jenaer Schriften (1801–1807), Frankfurt a. M. 1970 [im Folgenden: HW 2], S. 15).

»Kein philosophisches System kann sich der Möglichkeit einer solchen Aufnahme entziehen; jedes ist fähig, geschichtlich behandelt zu werden. Wie jede lebendige Gestalt zugleich der Erscheinung angehört, so hat sich eine Philosophie, als Erscheinung, derjenigen Macht überliefert, welche es in eine todte Meinung und von Anbeginn an in eine Vergangenheit verwandeln kann.«[118] – Genau das ist das Verhältnis zur Philosophie, das in der Philosophie selbst seinen Grund hat und in aller Wissenschaft. Sie muss sich entäußern in Sätzen, in Texten, und diese Texte können dann nicht nur katalogisiert werden, was noch ganz vernünftig ist, damit ein Text, der gesucht wird, auch zu finden ist, sondern diese Texte können dann auch einfach benannt werden, z. B. unter dem Titel Idealismus oder Materialismus. – »Der lebendige Geist, der in einer Philosophie wohnt, verlangt, um sich zu enthüllen, durch einen verwandten Geist geboren zu werden. Er streift vor dem geschichtlichen Benehmen, das aus irgend einem Interesse auf Kenntnisse von Meinungen auszieht, als ein fremdes Phänomen vorüber, und offenbart sein Inneres nicht.«[119] – Irgendein Interesse, das auf Kenntnisse von Meinungen auszieht, könnte auch das sein, einen Schein zu erwerben oder die Voraussetzungen dafür, eine Prüfung in dem Beifach Philosophie zu bestehen. – »Es kann ihm gleichgültig seyn,« – dem Geist, der in einer Philosophie wohnt – »daß er dazu dienen muß, die übrige Kollektion von Mumien und den allgemeinen Haufen der Zufälligkeiten zu vergrößern; denn er selbst ist dem neugierigen Sammeln von Kenntnissen unter den Händen entflohen. Dieses hält sich auf seinem gegen Wahrheit gleichgültigen Standpunkte fest; und behält seine Selbstständigkeit, es mag Meinungen annehmen, oder verwerfen, oder sich nicht entscheiden. Es kann philosophischen Systemen kein

118 A. a. O., S. 39 f., (vgl. HW 2, S. 15 f.).
119 A. a. O., S. 40, (vgl. HW 2, S. 16).

anderes Verhältniß zu sich geben, als daß sie Meinungen sind; und solche Accidenzien, wie Meinungen, können ihm nichts anhaben. Es hat nicht erkannt, daß es Wahrheit giebt.«[120]

Ich glaube, der Text spricht für sich selbst.

120 Ebd.

13. Vorlesung

03.02.1981

»Der lebendige Geist, der in einer Philosophie wohnt, verlangt, um sich zu enthüllen, durch einen verwandten Geist geboren zu werden.«[121] Das Subjekt dieses Verlangens ist der Geist, der in einer Philosophie wohnt und nicht der Geist empirischer Subjekte, die es nach Philosophie verlangt. Wohl kennt Hegel auch das Bedürfnis – er schreibt: »Bedürfniß der Philosophie«[122], es ist aber das Bedürfnis nach Philosophie –, aber dieses Bedürfnis ist, nach Hegel, die unfreie Seite der Philosophie. »Entzweiung ist der Quell des *Bedürfnisses der Philosophie*, und als Bildung des Zeitalters die unfreie gegebene Seite der Gestalt. In der Bildung hat sich das, was Erscheinung des Absoluten ist, vom Absoluten isolirt, und als ein Selbstständiges fixirt. Zugleich kann aber die Erscheinung ihren Ursprung nicht verläugnen, und muß darauf ausgehen, die Mannigfaltigkeit ihrer Beschränkungen als ein Ganzes zu konstituiren.«[123] Den letzten Satz kann ich Ihnen leider nicht durchgängig interpretieren; es ist eine Erwähnung der Antinomienlehre aus der *Kritik der reinen Vernunft*, in der der Verstand durch seine eigene Bestimmung über jede Grenze möglicher Erfahrung hinausgetrieben wird. Das einfachste Modell dafür ist das der Kausalkette, in der es für jede Ursache wiederum eine Ursache gibt, in infinitum, so dass die ganze Kette von Ursachen und Wirkungen nicht mehr ein auch nur möglicher

121 Hegel, *Differenz des Fichteschen und Schellingschen Systems der Philosophie*, a. a. O., S. 40, (vgl. HW 2, S. 16).

122 A. a. O., S. 44, (vgl. HW 2, S. 20).

123 Ebd.

Gegenstand der Erfahrung sein kann. Heute, in der Bildung dieses Zeitalters, ist die Mannigfaltigkeit der Beschränkungen, was soviel ist wie das positive Wissen, so angewachsen, dass der Versuch, es als ein Ganzes zu konstituieren, der für Hegel noch das Motiv des Verstandes war, zur Vernunft zu kommen, gar nicht erst unternommen wird und die Philosophie jenseits der Mannigfaltigkeit der Beschränkungen als Zulieferer von Sinn, was immer das auch sein mag, angesehen wird. Von der Philosophie bleibt dann nicht mehr als das subjektive Bedürfnis nach ihr, das schon von seinem eigenen Programm her die Mannigfaltigkeit der Beschränkungen belässt, wie sie ist. Der so jenseits der Mannigfaltigkeit der Beschränkungen vermutete Sinn verträgt sich mit diesen Beschränkungen auf das Beste und hat die Funktion, die Subjekte mit diesen Beschränkungen auszusöhnen. Die dem Bedürfnis entspringende Vorstellung einer philosophischen Hinterwelt, wie Nietzsche sie nannte,[124] bleibt vorphilosophisch. »Es ist aber ungeschickt, das Bedürfniß der Philosophie als eine Voraussetzung derselben auszudrücken; denn hierdurch erhält das Bedürfniß eine Form der Reflexion. Diese Form der Reflexion erscheint als widersprechende Sätze, wovon unten die Rede seyn wird. Es kann an Sätze gefordert werden, daß sie sich rechtfertigen; die Rechtfertigung dieser Sätze, als Voraussetzungen, soll noch nicht die Philosophie selbst seyn, und so geht das Ergründen und Begründen vor und außer der Philosophie los.«[125] – Es scheint nicht nur so, als habe Hegel die antiphilosophischen Spontis, die in der Philosophie ihr Unwesen treiben,

124 Vgl. den Aphorismus 17 (*Glück des Historikers*) in: Friedrich Nietzsche, *Menschliches, Allzumenschliches. Ein Buch für freie Geister*, Sämtliche Werke, Bd. 3, Stuttgart 1964, sowie den Abschnitt *Von den Hinterweltlern* in: ders., *Also sprach Zarathustra*, Sämtliche Werke, Bd. 6, Stuttgart 1964.

125 Hegel, *Differenz des Fichteschen und Schellingschen Systems der Philosophie*, a. a. O., S. 49, (vgl. HW 2, S. 25).

gekannt, er hat sie gekannt in ihrer damaligen Gestalt, der von großzügig mit dem Herzen statt mit dem Kopf philosophierenden Landpfarrern, denen er in der auch heute noch lesenswerten Schrift *Ausbruch der Volksfreude über den endlichen Untergang der Philosophie*[126] Bescheid gegeben hat. – Hegel schreibt, das Bedürfnis nach Philosophie, das die Form der Reflexion erhalten habe, erscheine dann in einander widersprechenden Sätzen. Sobald das Bedürfnis nach Philosophie zum Gegenstand der Reflexion wird, hat es schon die Form der Reflexion erhalten, ist es nicht mehr das, als was es sich ausgibt, nämlich unmittelbar. Schiller hat darauf hingewiesen, dass das Naive, das sich als naiv weiß, nicht mehr naiv, sondern sentimentalisch, reflektiert ist.[127] Nicht anders ergeht es dem Bedürfnis, das sich als Bedürfnis zum Gegenstand der Reflexion macht. In dieser Form, die es durch die Reflexion erhält, ist das Bedürfnis unterschieden von dem, wonach es das Bedürfnis ist, hier von der Philosophie, oder das Bedürfnis hat durch die Form, die es durch die Reflexion erhalten hat, sich mit der Philosophie auseinandergesetzt, sich von ihr isoliert und ist nicht philosophisch und damit der Philosophie entgegengesetzt. – Im heutigen Jargon gesprochen ist es üblich, sich ›mit etwas auseinanderzusetzen‹. Dies ›sich mit etwas auseinandersetzen‹ hat seinem Sinn nach zum Inhalt, sich mit einer Sache erst einmal gar nicht zu befassen, sondern sie als isolierte neben sich zu setzen. – Als sei dieses Bedürfnis selbst die Probe aufs dialektische Exempel, will es als Bedürfnis nach Philosophie dann auch nichts von der Philosophie wissen, also nichts von dem, wonach es angeblich Bedürfnis

126 Vgl. Hegel, *Jenaer Kritische Schriften*, in: Gesammelte Werke (Neue Gesamtausgabe), Bd. 4, hrsg. v. Hartmut Buchner und Otto Pöggeler, Hamburg 1968, S. 257–260, (vgl. HW 2, S. 273–279).
127 Friedrich Schiller, *Über naive und sentimentalische Dichtung*, in: Erzählungen, Theoretische Schriften, Sämtliche Werke, Bd. 5, hrsg. v. Gerhard Fricke und Herbert G. Göpfert, München 1980, S. 694–780.

ist. Die Forderung, die Philosophie selbst solle durch Motivation der Studenten eben dieses Bedürfnis erzeugen, das von ihr abhält, ist nur dann nicht schwachsinnig, wenn diese Forderung der Absicht entspringt, die Studenten tatsächlich von der Philosophie abzuhalten. Weil nicht so ganz sicher ist, dass die Studenten schon von sich aus die Philosophie meiden, werden vom Staat dann Hochschullehrer bezahlt, die die Absicht, die Studenten von der Philosophie fernzuhalten, wissenschaftstheoretisch begründen; es gibt allerdings auch andere Modi der Begründung dieses Versuchs.

Philosophie selbst verwehrt gerade das, wodurch das Bedürfnis nach ihr sich befriedigt sehen will – den Sinn. Vielmehr zeigt sie, dass das Bekannte nicht schon darum, weil es bekannt ist, das Erkannte ist[128], sondern ein dem Subjekt Fremdes oder, in einer ironischen Formulierung von André Gide: Frage nie einen Philosophen, denn wenn ein Philosoph dir antwortet, weißt du hernach nicht mehr, was du gefragt hast.[129] Dem Hegel'schen Programm der Selbsterkenntnis im absoluten Anderssein gemäß wird für die Erkenntnis das Bekannte zu einem Anderen und erst dadurch zum Eigentum des erkennenden Selbsts. »Das *Analysiren* einer Vorstellung, wie es sonst getrieben worden, war schon nichts anderes, als das Aufheben der Form ihres Bekanntseyns.« – Das Analysieren einer Vorstellung ist die erkenntnistheoretische Reflexion auf die Vorstellung, die die Subjekte von dem Gegenstand haben. – »Eine Vorstellung in ihre ursprünglichen Elemente auseinanderlegen, ist das Zurückgehen zu ihren

128 Im Original: »Das Bekannte überhaupt ist darum, weil es *bekannt* ist, nicht *erkannt.*« Vgl. Hegel, *Phänomenologie des Geistes*, a. a. O., S. 33, (vgl. HW 3, S. 35).
129 In der Übersetzung: »[W]enn ein Philosoph einem antwortet, versteht man überhaupt nicht mehr, was man ihn gefragt hatte.« André Gide, *Paludes*, übers. u. hrsg. v. Maria Schaefer-Rümelin, Frankfurt a. M. 1960, S. 60.

Momenten, die wenigstens nicht die Form der vorgefundenen Vorstellung haben, sondern das unmittelbare Eigenthum des Selbsts ausmachen. Diese Analyse kommt zwar nur zu *Gedanken*, welche selbst bekannte, feste und ruhende Bestimmungen sind. Aber ein wesentliches Moment ist dieß *Geschiedene*, Unwirkliche selbst; denn nur darum, daß das Konkrete sich scheidet, und zum Unwirklichen macht, ist es das sich Bewegende. Die Thätigkeit des Scheidens ist die Kraft und Arbeit des *Verstandes*, der verwundersamsten und größten, oder vielmehr der absoluten Macht.«[130] Dass der menschliche Verstand die absolute Macht sei, bedeutet auch eine entscheidende Säkularisierung des Begriffs des Absoluten selbst. Die Kraft und Arbeit des Verstandes ist dasjenige, um dessentwillen Goebbels die Intellektuellen als »Ferment der Dekomposition«[131] bezeichnete, was sachlich gar nicht einmal so falsch war. Dass dieses Ferment der Dekomposition den ominösen Volkskörper zersetzte und deswegen von diesem eliminiert, die Intellektuellen ins Konzentrationslager gesperrt und ermordet werden sollten, zeigt, dass der Fortschritt von der Bekanntheit zu der Erkenntnis für gefährlich angesehen wurde; wohl weniger für das Volk als für diejenigen, die es für ihre Zwecke zu benutzen

130 Hegel, *Phänomenologie des Geistes*, a. a. O., S. 33, (vgl. HW 3, S. 35 f.).

131 Vgl. die sog. Sportpalastrede vom 18. Februar 1943. Joseph Goebbels bezeichnet hier allerdings nicht die Intellektuellen, sondern das »internationale Judentum« als »Ferment der Dekomposition«. Bulthaups Assoziation ist insofern berechtigt, als der Antiintellektualismus ein wesentliches Element des Antisemitismus ist. Der Volltext der Rede ist abrufbar unter: www.1000dokumente.de/Dokumente/Sportpalast-Rede_von_Joseph_Goebbels (zuletzt abgerufen am 06.06.2025). Die gleiche Formulierung findet sich bereits bei Adolf Hitler in *Mein Kampf*. Sie geht zurück auf den Althistoriker Theodor Mommsen (1817-1903), der sie noch ohne antisemitische Absicht gebrauchte.

beabsichtigten. Der Antiintellektualismus, der in der rationalen Analyse die Zerstörung all dessen, was dem Volk heilig zu sein hat, sieht, ist nicht mit der militärischen Niederlage der deutschen Wehrmacht verschwunden, sondern hat sie überlebt, auch in der linken Idylle. Der Untertitel eines Buchs von Wolfgang Pohrt *Von der Endlösung zu ihrer Alternative*[132] spielt darauf an.

Hegel sieht in der Kraft und Arbeit des Verstandes die Entwicklung der Erkenntnis, in der die Subjekte ihrer Vorstellung als eines Resultates sich bewusst werden. So ist die Vorstellung der substantiellen Formen eine, in der die Subjekte sich das außer ihnen existierende Dasein intellektuell aneignen, weil durch die substantiellen Formen mit dem Wesen des Daseins dieses selbst erkannt werden soll, nicht, wie es als bloß bekanntes, sondern wie es als erkanntes Dasein ist. Das erkannte Dasein aber kann von der Erkenntnis nicht abstrahiert werden. Was es als erkanntes ist, kann nur durch die Subjekte der Erkenntnis hindurch bestimmt werden. Dann ist aber das Problem, ob denn den substantiellen Formen, den Realdefinitionen, überhaupt Realität unabhängig von den Subjekten zukomme. Um diese Realität der substantiellen Formen, die unabhängig von den Subjekten sein soll, nachweisen zu können, müsste diese Realität ihrerseits der Erkenntnis unmittelbar zugänglich sein, was ein Widerspruch ist, denn das, was von einer Beziehung auf das Subjekt vollständig unabhängig ist, kann den Subjekten auch nicht zugänglich sein. Dass dann, wenn den Subjekten etwas zugänglich ist, wenn sie Daseiendes erkennen können, zugleich das Moment der subjektiven Tätigkeit der Erkenntnis in dem Erkannten festzustellen ist, ist noch kein zureichender Grund dafür, das Erkannte als restlos durch die subjektive Tätigkeit der Erkenntnis produziert auszugeben. – Es gibt eine Gestalt der

132 Vgl. Wolfgang Pohrt, *Ausverkauf. Von der Endlösung zu ihrer Alternative*, Berlin 1980.

neueren Wissenschaftstheorie, die auf Dingler zurückgeht, den Operationalismus, und bei Dingler kommt der Satz vor, dass die Naturgesetze in der Natur so vorhanden seien wie die Statue im Marmorblock, die dann der Künstler aus ihm heraushauen werde. Jede Bestimmtheit der Erkenntnis wird von ihm der Tätigkeit des Subjekts zugerechnet. – Hegel hält dagegen, dass ohne Subjekt überhaupt keine Möglichkeit der Erkenntnis des Daseins gegeben sei und das erkannte Dasein sich seinerseits nicht auseinanderlegen lasse in das Dasein, wie es an sich selbst ist, und das Dasein, wie es für die Erkenntnis ist; denn das erkannte Dasein sei zugleich das über die Begriffe von den Wesenheiten intellektuell angeeignete Dasein. Wenn das erkannte Dasein aber von der Erkenntnis nicht abstrahiert werden kann und das, was es als erkanntes ist, nur durch die Subjekte der Erkenntnis hindurch bestimmt werden kann, dann sind die substantiellen Formen der nominalistischen Kritik ausgesetzt, sie seien bloß ausgedachte Vorstellungen, Resultate der Einbildungskraft, die mit dem Dasein, das durch sie erkannt werden soll, keine Gemeinschaft hätten. Was als die Vorstellung der substantiellen Form unmittelbar das Eigentum des Selbsts ist, ist damit zugleich des Andersseins dieses Selbsts im Dasein beraubt, oder diese Vorstellung der substantiellen Form ist selbst abstrakt geworden. Das Argument ist, dass erst die nominalistische Kritik an der Objektivität der substantiellen Formen, an der Korrespondenz von Wesensbegriff und Dasein – daher heißt es Begriffsrealismus – die substantiellen Formen erweist als durch die Subjekte bestimmt, womit sie dann zugleich zu bloßen Vorstellungen dieser Subjekte reduziert werden. Als bloße Vorstellungen der Subjekte sind die substantiellen Formen unmittelbares Eigentum des Selbsts, aber dann von dem Dasein, das durch sie erkannt werden soll, radikal – der Wurzel nach – verschieden; sie sind abstrakt geworden. Gegen diese abstrakt gewordenen Vorstellungen richtet sich die nominalistische Kritik, denen gegenüber sie die Unmittelbarkeit des Daseins behauptet: Nur einzelne Dinge seien wirklich. Nicht der allgemeinen Form dieser Dinge komme Realität zu, sondern nur den einzelnen Gegenständen. Gezwungen, diese Unmittelbarkeit des Daseins zu begründen, kann die nominalistische Kritik nur auf das verweisen, wodurch das Dasein seine Unmittelbarkeit für die Subjekte ausweist: die Empfindungen. – Sie erinnern sich, das naiv realistische Argument von Lenin[133], man werde sich von der Objektivität der Außenwelt schon überzeugen, wenn man gegen einen Baum laufe, lässt sich sofort erkenntnistheoretisch dadurch widerlegen, dass gefragt wird, wodurch sich denn diese Objektivität ausweise, wenn nicht durch die Empfindung, dass es weh tut. – Die Empfindungen sind, wie die impressions von Hume[134], wiederum nur das Dasein, wie es mit dem Subjekt vermittelt und für das Subjekt ist; auch sie sind eine Abstraktion. Eben das ist die These von Hegel, dass das, was für unmittelbar angesehen wird, sich in der Reflexion immer als Resultat einer erkenntnistheoretischen Reflexion erweist. Das, was als das unmittelbare Fundament, als die Materie der Erscheinungen vorgestellt wird, ist selbst das Resultat der erkenntnistheoretischen Reflexion, die, ihrerseits zum Gegenstand der Reflexion gemacht, das als unmittelbar Vorgestellte als durch die Tätigkeit des Scheidens vermittelt erweist, durch die erst Objektivität und Subjektivität prinzipiell unterschieden werden. Die geläufige Vorstellung, die durchweg durch den Nominalismus geprägt ist – auch die Vorstellung derer, die den Begriff Nominalismus überhaupt nicht kennen, ist durch ihn geprägt –, gibt das als unvermittelt aus,

133 Siehe die elfte Vorlesung vom 20.01.1981.
134 Vgl. David Hume, *Eine Untersuchung über den menschlichen Verstand*, übers. v. Raoul Richter, hrsg. v. Jens Kulenkampff, Hamburg 1973, S. 17–23 (*2. Abschnitt: Über den Ursprung der Vorstellungen*).

was Gegenstand unmittelbarer Erfahrung ist. Diese Vorstellung ist selber Resultat einer in die Bewusstlosigkeit zurückgesunkenen erkenntnistheoretischen Reflexion, die schon an dem Wort Unmittelbarkeit abzulesen ist, denn das Wort Unmittelbarkeit bezeichnet die Negation der Vermittlung. Hegel sagt nun, diese Abstraktionen, die der substantiellen Form auf der einen und die der Empfindung auf der anderen Seite, seien nicht einfach das Falsche, dem gegenüber etwa ein Konkretes festzuhalten sei, sondern diese Abstraktionen seien das Konkrete in der Gestalt der Vorstellung, in der das Subjekt das Konkrete notwendig erfasse. Die Abstraktionen zu verwerfen, führte nur zurück auf das Bekannte und machte den ersten Schritt der Entwicklung vom Bekannten zum Erkannten rückgängig. Gleichwohl sind die Abstraktionen, die substantiellen Formen so gut wie die Empfindungen, Vorstellungen, die nun im Bewusstsein existieren, Vorstellungen, die im Bewusstsein unvermittelt nebeneinander bestehen, von denen aber keine im Bewusstsein für sich bestehen kann. Auch wenn man versuchte, die substantiellen Formen als das Ansich zu retten, blieben sie doch Vorstellungen davon, wie das Dasein und die Gegenstände für uns beschaffen sind; etwa zusammengesetzt aus substantieller Form und Akzidens. Hegel sagt, beide, die traditionell metaphysische Vorstellung von den substantiellen Formen und die aus der Kritik an der Vorstellung der substantiellen Formen entwickelte Vorstellung der Unmittelbarkeit des Daseienden, letztlich der Unmittelbarkeit der Empfindungen, seien Vorstellungen, die im Bewusstsein nebeneinander existierten, z. B. in der Form der Rezeption verschiedener Schulen oder Dogmen innerhalb der Geschichte der Philosophie. – Wenn gesagt wird, in einer historisch vergangenen Epoche, etwa bis zum Hochmittelalter einschließlich, galt die substantielle Form, das Wesen der Dinge, für erkennbar, danach, in der Neuzeit, gilt das Einzelne als das allein Reale und die substantielle Form als bloß ausgedacht, so bestehen diese verschiedenen Vorstellungen durch die abstrakte Trennung des Zeitabstandes in einem Bewusstsein unvermittelt nebeneinander. Jede dieser Vorstellungen, die im Bewusstsein unvermittelt nebeneinander bestehen, schließt die andere aus, und jede ist für sich genommen in sich widersprüchlich und stimmt deswegen nicht mit der Forderung nach Einheit und Widerspruchsfreiheit des Bewusstseins überein. Dass jede dieser Vorstellungen in sich widersprüchlich ist, ist für Hegel wichtiger als die Feststellung, dass diese Vorstellungen, Realismus und Nominalismus, auch einander ausschließen, denn es wäre ja möglich, dass sich das Bewusstsein für die eine oder die andere dieser Vorstellungen entschiede, und jede dieser Vorstellungen könnte dann, vorausgesetzt sie wäre in sich widerspruchsfrei, für sich mit dem identischen Bewusstsein, mit der Einheit der Apperzeption zusammenstimmen. Dass eine in sich widersprüchliche Vorstellung nicht mit der Einheit des Bewusstseins, in dem sie als Vorstellung besteht, zusammenstimmen kann, möchte ich an einem Modell erläutern.

Aus der substantiellen Form ist die Erscheinung des Daseins, das zu erkennen sie erdacht wurde, so wenig zu konstruieren wie aus der Empfindung jene Gegenstände, von denen die Empfindungen herrühren sollen. Eine substantielle Form wäre die der körperlichen Substanz. Eine körperliche Substanz ist begrenzt, als begrenzte hat sie eine bestimmte Gestalt. Welche Gestalt sie hat, ist der traditionellen Ontologie nach willkürlich, also gleichgültig oder akzidentell. Aus der substantiellen Form lässt sich die spezifische Gestalt des Daseienden, dessen substantielle Form sie sein soll, nicht begründen. Diese Vorstellungen verlieren aber dann, wenn aus ihnen nicht zu begründen ist, wovon sie die Form sind, den Grund ihrer Existenz und geraten dadurch zu sich in Widerspruch. Die substantielle Form setzt sich zusammen aus genus proximum, Substanz, und differentia specifica – hier: körperlich – unkörperlich –, durch die das genus in einander entgegengesetzte species aufgeteilt wird; das, was körperlich ist, ist nicht unkörperlich; und das, was unkörperlich ist, ist nicht körperlich. Das ist der erste Gegensatz innerhalb des Schemas der substantiellen Formen, an dessen oberster Stelle die Substanz steht und die beiden species körperliche und unkörperliche Substanzen durch die differentia specifica, körperlich – unkörperlich, auf der nächsten Stufe unterschieden werden. Aus dem genus proximum, dem nächsthöheren Geschlecht, lässt sich die differentia specifica nicht begründen, aber ohne die differentia specifica ist das genus nicht genus proximum, fasst es nicht das einander Entgegengesetzte in einem genus zusammen, sondern bleibt die leere Kategorie Substanz. Dann, wenn das genus proximum nicht aufgespalten ist, wie die körperliche Substanz in belebte und unbelebte Körper, ist es nicht genus proximum, also nicht das nächsthöhere Geschlecht, sondern einfach genus schlechthin, ohne jede weitere Bestimmung. Als genus hat es aber keinen Unterschied an sich, und das, was keinen Unterschied an sich hat, ist innerhalb dieser ontologischen Formen Substanz ohne jede weitere Bestimmung, also Kategorie und nicht genus. Ohne die differentia specifica, die aus dem genus proximum nicht zu begründen ist, ist das genus die leere Kategorie einer Substanz, die dann Substanz von allem oder von nichts ist und eben darum nicht Substanz, nicht substantielle Form, sondern formlose Substanz, was in sich widersprüchlich ist. Für Hegel sind nun die substantiellen Formen dadurch, dass sie ebenso notwendig für die Erkenntnis wie unhaltbar für die erkenntnistheoretische Reflexion sind, weil sie in sich widersprüchlich sind, zwar unwirklich, aber als Unwirkliche haben sie die Tendenz in sich selbst, den in ihnen enthaltenen Widerspruch aufzulösen, sich zu unterscheiden und sich nur durch diese Unterscheidung zu erhalten, was nur möglich ist, wenn sie ihre Festigkeit, ihre vermeintliche Identität aufgeben. Die Festigkeit oder die vermeintliche Identität aufzugeben heißt, dass niemand sich das genus körperliche Substanz vorstellen kann, wie etwas, woran er sich halten kann, sondern dieses genus hat eine Bedeutung nur in Beziehung auf das, was es nicht selbst ist, nämlich in Beziehung auf die species, die in ihm Entgegengesetzte sind, wie belebte körperliche Substanzen und unbelebte körperliche Substanzen. Die species sind aber auch nicht für sich, sondern sie sind, als einander entgegengesetzte, körperlich – unkörperlich, schon vereint durch die Entgegensetzung in dem genus proximum, in dem nächsthöheren Geschlecht. Die festen Begriffe, genus proximum, differentia specifica und species, haben eine Bedeutung nur in dem Maße, in dem sie sich auflösen in genau das, was sie nicht sind: das genus in die Entgegensetzung der species, die selbst wieder im genus proximum ihre Einheit haben. Die Abstraktionen sind nicht positiv festzuhalten, sondern, so Hegel, selbst nur verschwindendes Moment ihrer eigenen Bewegung, ihrer Veränderung. Sie werden falsch, sobald sie fixiert werden, und sie sind zugleich notwendig als Verschwindende, das genus in den species und die species in dem genus. Sie sind selbst nur Moment ihrer Bewegung – genau das heißt bei Hegel die Bewegung des Begriffs –, ihrer Veränderung, sie sind wahr nur als Verschwindende. Sie bleiben, was sie sind, nur als Anfang, der Anfang von Anderem ist, von dem, was der Anfang nicht selbst ist. Denken heißt dann, die Positivität des festen Begriffs einer Vorstellung, wie Hegel es nennt »à corps perdu«[135], in deren Bewegung vom Bekannten zur Erkenntnis hineinzustürzen.

135 Hegel, *Differenz des Fichteschen und Schellingschen Systems der Philosophie*, a.a.O., S. 43. »Das Wesen der Philosophie ist gerade bodenlos für Eigenthümlichkeiten, und um zu ihr zu gelangen, ist es (wenn der Körper die Summe der Eigenthümlichkeiten ausdrückt) nothwendig, sich à corps perdu hineinzustürzen.« (Vgl. HW 2, S. 19).

»Aber ein wesentliches Moment ist dieß *Geschiedene*« – das gegeneinander Festgehaltene –, »Unwirkliche selbst; denn nur darum, daß das Konkrete sich scheidet, und zum Unwirklichen macht, ist es das sich Bewegende.« – Das Unwirkliche der Abstraktion ist zugleich das, was sich bewegt, was sich in das auflöst, was es nicht selbst ist. – »Die Thätigkeit des Scheidens ist die Kraft und Arbeit des *Verstandes*, der verwundersamsten und größten, oder vielmehr der absoluten Macht. Der Kreis, der in sich geschlossen ruht und als Substanz seine Momente hält, ist das unmittelbare und darum nicht verwundersame Verhältniß. Aber daß das von seinem Umfange getrennte Accidentelle als solches, das Gebundene und nur in seinem Zusammenhange mit anderem Wirkliche ein eigenes Daseyn und abgesonderte Freiheit gewinnt, ist die ungeheure Macht des Negativen; es ist die Energie des Denkens, des reinen Ichs.«[136] Akzidentell ist das, was in den einzelnen Gegenständen den substantiellen Formen zufällig anhängt. Die substantiellen Formen sind der traditionellen Metaphysik nach allgemein. Sie individuieren sich in der Materie, und die Materie ist zugleich der Grund dafür, dass die spezifische Gestalt, in der sich die substantiellen Formen individuieren, akzidentell ist. Wenn Hegel sagt, »das von seinem Umfange getrennte Accidentelle als solches, das Gebundene« – das es nur als Anhang zur substantiellen Form gibt – »und nur in seinem Zusammenhange mit anderem Wirkliche« – dass das sein »eigenes Daseyn und abgesonderte Freiheit« – gewinne, dann heißt das zugleich, dass das Individuelle nicht nur als Spezifikation des Allgemeinen, sondern für sich seine Freiheit gewinnt. Daran zeigt sich zugleich »die ungeheure Macht des Negativen; es ist die Energie des Denkens, des reinen Ichs.« Das ist das reine Ich, das sich negativ gegen

136 Hegel, *Phänomenologie des Geistes*, a. a. O., S. 33 f., (vgl. HW 3, S. 35 f.).

alles andere verhält wie das Descartes'sche Selbstbewusstsein, das sagt: ›Ich denke und ich bin‹, und das dieses sagen kann, weil es seine Beziehung auf anderes unter den radikalen Zweifel stellt. Diese Negativität gegenüber dem anderen und gegenüber der Allgemeinheit der substantiellen Form begründet erst die Freiheit des einzelnen Ichs als eines materiell existierenden Daseienden. »Der Tod, wenn wir jene Unwirklichkeit so nennen wollen, ist das Furchtbarste, und das Todte festzuhalten, das, was die größte Kraft erfordert.« – Das Lebendige, das Lebende verändert sich. Das Tote sind die geschiedenen Verstandesbestimmungen, die in sich widersprüchlich in Anderes übergehen. Sie gleichwohl festzuhalten, um sie nicht in der Nacht untergehen zu lassen, in der alle Kühe grau sind[137], erfordert nach Hegel die größte Kraft. – »Die kraftlose Schönheit haßt den Verstand, weil er ihr dieß zumuthet, was sie nicht vermag. Aber nicht das Leben, das sich vor dem Tode scheut und von der Verwüstung rein bewahrt, sondern das ihn erträgt und in ihm sich erhält, ist das Leben des Geistes. Er gewinnt seine Wahrheit nur, indem er in der absoluten Zerrissenheit sich selbst findet. Diese Macht ist er nicht, als das Positive, welches von dem Negativen wegsieht, wie wenn wir von etwas sagen, dieß ist nichts oder falsch, und nun, damit fertig, davon weg zu irgend etwas anderem übergehen; sondern er ist diese Macht nur, indem er dem Negativen ins Angesicht schaut, bei ihm verweilt. Dieses

137 In der *Phänomenologie des Geistes* heißt es, dass in der Nacht alle Kühe schwarz seien. Vgl. Hegel, *Phänomenologie des Geistes*, a. a. O., S. 22, (vgl. HW 3, S. 22): »Dieß Eine Wissen, daß im Absoluten Alles gleich ist, der unterscheidenden und erfüllten oder Erfüllung suchenden und fordernden Erkenntniß entgegenzusetzen, – oder sein *Absolutes* für die Nacht auszugeben, worin, wie man zu sagen pflegt, alle Kühe schwarz sind, ist die Naivität der Leere an Erkenntniß.« Bulthaup vermischt diese Hegel-Stelle hier mit dem auf Cervantes zurückgehenden Sprichwort ›Nachts sind alle Katzen grau‹.

Verweilen ist die Zauberkraft, die es in das Seyn umkehrt.«[138] Dass dieses Verweilen eine Zauberkraft sei, die das Negative in das Sein umkehre, gilt für einen Materialisten nur unter dem Vorbehalt: ohne unser Obligo.

138 A. a. O., S. 34, (vgl. HW 3, S. 36).

14. Vorlesung

10.02.1981

»Aber nicht das Leben, das sich vor dem Tode scheut und von der Verwüstung rein bewahrt, sondern das ihn erträgt und in ihm sich erhält, ist das Leben des Geistes. Er gewinnt seine Wahrheit nur, indem er in der absoluten Zerrissenheit sich selbst findet.«[139] Die Wahrheit dieser Sätze ist denen vorzuhalten, die der Philosophie als Resultat der Kritik das Positive abverlangen, sei dies Positive nun ein Wert, auf den die Moral heruntergebracht wurde, oder ein Sinn, mit dem das unglückliche Bewusstsein sich beruhigt. Gleichwohl bleibt die Wahrheit dieses Satzes fragwürdig, denn mit was könnte ein derart in sich zerrissener Geist nicht sich abfinden, in was, als seinem absoluten Anderssein nicht sich wiederfinden. Noch die vollendete Geistlosigkeit wäre ihm Moment seiner absoluten Zerrissenheit und damit Bestätigung seiner selbst. Der Heroismus des Geistes lässt nichts unverschont, beschlagnahmt noch, was dem Geist nicht gleicht als dessen Anderes. So gewinnt der Geist, die reine sich auf sich beziehende Negativität, die sture Positivität der Selbsterhaltung; die Abwesenheit von Sinn wird ihm zu dessen Surrogat. Wer dagegen opponiert, verfällt dem Paradoxon, dass ihm noch die reine Negativität nicht negativ genug ist, es hinaus und immer weiter will, um am Ende doch bei jenen Positivitäten anzulangen, die schon Hegel ›ausgelaugt‹ nannte.[140]

139 Hegel, *Phänomenologie des Geistes*, a.a.O., S. 34, (vgl. HW 3, S. 36); vgl. den Schluss der Vorlesung vom 03.02.1981.
140 Auf welche Formulierung Hegels Peter Bulthaup sich hier bezieht, war nicht zu ermitteln.

Was diesseits solcher Positivitäten bleibt, ist das Bedürfnis nach ihnen, zu dem Dialektik regrediert, wenn sie der Zerrissenheit nicht standhält. »Daß der Wunsch ein schlechter Vater des Gedankens sei, ist seit Xenophanes eine der Generalthesen der europäischen Aufklärung, und sie gilt ungemildert noch gegenüber den ontologischen Restaurationsversuchen. Aber Denken, selber ein Verhalten, enthält das Bedürfnis – zunächst die Lebensnot – in sich. Aus dem Bedürfnis wird gedacht, auch, wo das wishful thinking verworfen ist. Der Motor des Bedürfnisses ist der der Anstrengung, die Denken als Tun involviert. Gegenstand von Kritik ist darum nicht das Bedürfnis im Denken sondern das Verhältnis zwischen beiden. Das Bedürfnis im Denken will aber, daß gedacht werde. Es verlangt seine Negation durchs Denken, muß im Denken verschwinden, wenn es real sich befriedigen soll, und in dieser Negation überdauert es, vertritt in der innersten Zelle des Gedankens, was nicht seinesgleichen ist.«[141]

Das Motiv des Denkens liegt nicht im Denken selbst. Wird es als ein dem Denken jenseitiges, vom Denken abgesondertes gedacht, so wird es ein von dem, dessen Motiv es sein soll, geschiedenes – nach Hegel: unwirkliches –, das nun aber nicht, wie bei Hegel, das Geschiedene, Unwirkliche, das sich Bewegende ist, noch das Bewegende des Denkens. Das Denken seines Motivs lässt das Denken erstarren unter einem Bann, unter dem es sich selber nicht mehr versteht. »Tendenziell wird Philosophie zum ritualen Gestus. In ihm freilich regt auch sich ein Wahres, ihr Verstummen.«[142] Wahr ist das Verstummen der Philosophie, weil das Bedürfnis, das als Motiv das Denken bewegt, vom Denken nicht zu befriedigen ist. Mit der

141 Theodor W. Adorno, *Negative Dialektik*, in: Gesammelte Schriften, Bd. 6, hrsg. v. Rolf Tiedemann, Frankfurt a. M. 1973, S. 399 f.
142 A. a. O., S. 86.

Philosophie allerdings verstummt auch das Bedürfnis, das als Motiv das Denken bewegt. »Nicht einmal Schweigen kommt aus dem Zirkel heraus; es rationalisiert einzig die eigene subjektive Unfähigkeit mit dem Stand der objektiven Wahrheit und entwürdigt dadurch diese abermals zur Lüge.«[143] Diese ebenso karge wie trostlose Wahrheit ist, was vom Enthusiasmus des Geistes übrigblieb – dem Enthusiasmus, den Hegel so darstellte: »[...] der Mensch soll sich selbst ehren und sich des Höchsten würdig achten. Von der Größe und Macht des Geistes kann er nicht groß genug denken. Das verschlossene Wesen des Universums hat keine Kraft in sich, welche dem Muthe des Erkennens Widerstand leisten könnte, es muß sich vor ihm aufthun und seinen Reichthum und seine Tiefen ihm vor Augen legen und zum Genusse bringen.«[144] Die Geschichte, in der der Geist seine Gestalten herausarbeitete, lehrte die Menschen, sich für nichts zu achten, und der Geist wurde darüber zum Gespenst – nicht zu dem, das dem *Kommunistischen Manifest* zufolge umgeht in Europa, sondern zu dem, das auf den Trümmerfeldern der Kultur seiner besseren Vergangenheit nachtrauert; einer Vergangenheit, die kaum noch eine Zukunft hat.

Dass der Geist, von dem Hegel meinte, die Menschen hätten ihn an den Himmel verschleudert und sollten nun stark genug sein, ihn wieder auf die Erde zu holen,[145] nicht zu verhindern

143 A. a. O., S. 360.

144 Hegel, *System der Philosophie. Erster Teil. Die Logik*, in: Sämtliche Werke, Bd. 8, hrsg. v. H. Glockner, Stuttgart/Bad Cannstatt 1964, S. 36, (vgl. HW 10, S. 404).

145 Vgl. Hegel, *Studien, Text 34, Jedes Volk...*, in: Gesammelte Werke, Bd. 1, Hamburg 1989, S. 372, hier zitiert nach Bulthaup, *Kants Anarchismus und die Pathologie republikanischer Freiheit*, in: Michael Städtler (Hrsg.): *Kants »Ethisches Gemeinwesen«. Die Religionsschrift zwischen Vernunftkritik und praktischer Philosophie*, Berlin 2004, S. 175–180, hier S. 175: »Ausser frühern Versuchen blieb es unsern

vermochte, was Karl Kraus mit vollem Recht *Die letzten Tage der Menschheit* nannte, hat den Geist praktisch widerlegt. Diese Widerlegung von außen ist dem Geist selbst immanent. Er beruht darauf, dass er damit fertig wurde, dass die Tätigkeit, die ihrerseits mit dem Dasein fertig zu werden hatte und immer noch fertig zu werden hat, sein Interesse nicht mehr ist; dass er, wie die Kultur, deren Inbegriff er ist, von der Tätigkeit derer lebte, die von ihr ausgeschlossen blieben. »Daß das vergessen wird; daß man nicht mehr versteht, was man einmal vorm Wagen des Hundefängers empfand, ist der Triumph der Kultur und deren Mißlingen. Sie kann das Gedächtnis jener Zone nicht dulden, weil sie immer wieder dem alten Adam es gleichtut, und das eben ist unvereinbar mit ihrem Begriff von sich selbst. Sie perhorresziert den Gestank, weil sie stinkt; weil ihr Palast, wie es an einer großartigen Stelle von Brecht heißt, gebaut ist aus Hundsscheiße. Jahre später als jene Stelle geschrieben ward, hat Auschwitz das Mißlingen der Kultur unwiderleglich bewiesen. Daß es geschehen konnte inmitten aller Tradition der Philosophie, der Kunst und der aufklärenden Wissenschaften, sagt mehr als nur, daß diese, der Geist, es nicht vermochte, die Menschen zu ergreifen und zu verändern. In jenen Sparten selber, im emphatischen Anspruch ihrer Autarkie, haust die Unwahrheit. Alle Kultur nach Auschwitz, samt der dringlichen Kritik daran, ist Müll. Indem sie sich restaurierte nach dem, was in ihrer Landschaft ohne Widerstand sich zutrug, ist sie gänzlich zu der Ideologie geworden, die sie potentiell war, seitdem sie, in Opposition zur materiellen Existenz, dieser das Licht einzuhauchen sich anmaßte, das die Trennung des Geistes von körperlicher

Tagen vorzüglich aufbehalten, die Schäze, die an den Himmel verschleudert worden sind, als Eigenthum der Menschen wenigstens in der Theorie zu vindicieren, aber welches Zeitalter wird die Kraft haben, dieses Recht geltend zu machen, und sich in den Besiz zu sezen?«

Arbeit ihr vorenthielt. Wer für Erhaltung der radikal schuldigen und schäbigen Kultur plädiert, macht sich zum Helfershelfer, während, wer der Kultur sich verweigert, unmittelbar die Barbarei befördert, als welche die Kultur sich enthüllte.«[146]

Dass andere für den Geist mit dem Dasein fertig werden, beschert diesem die Freiheit, das Absehen von der Gewalt, der er seine Existenz verdankt. Das gewaltlos Zwingende des Gedankens, der wahr ist und der sich als wahr weiß, beruht auf der Gewalt, die in der Ohnmacht und Zerstörung des Geistes zu sich selbst kommt; nicht als das andere des Geistes, sondern als dessen immanente Bestimmung, die ihn als ein ihm von außen bereitetes Schicksal ereilt. Dass die Genesis des Geistes zu dessen immanenter Bestimmung wurde, bestätigt noch einmal die idealistische Vorstellung von der Selbstentfaltung des Geistes bis zu seiner Negation, die ihn zu sich selbst bringt, indem sie ihn abschafft. Die durch ihn selbst begründete Abwendung vom Geist ist eine Zuwendung zur Barbarei – zu deutsch: Wildheit – der Tätigkeit, die mit dem Dasein fertig zu werden hat, der Praxis, in der die Vorstellung, der Mensch solle sich selbst ehren und des Höchsten würdig achten, erst gar nicht aufkommen kann. Arbeit schändet! Um so mehr, je mehr die überflüssige zum Maß der notwendigen wird. Als Abkehr vom Geist ist die Parteinahme für die Unterdrückten immer schon das Einverständnis mit der Unterdrückung. Die Heroisierung des Proletariats ist darin einig mit dem Geist, der seine eigene Voraussetzung verachtet, dass es das Proletariat soll geben müssen – als würde die Existenz der Proletarier auch nur um einen Deut dadurch sich verbessern, dass ihre Notwendigkeit ihnen nachgewiesen wird. Aufgegeben ist dem Denken, den Idealismus gegen die Selbstaffirmation des Geistes, die in der Abkehr von ihm ihr τέλος hat, zu verteidigen; eine Aufgabe, die kaum

146 Adorno, *Negative Dialektik*, a. a. O., S. 359 f.

weniger Kraft des Denkens und Mut der Erkenntnis verlangt, als die, das verschlossene Wesen des Universums aufzuschließen. Vor dieser Aufgabe, die heute, anders als zu Marxens Zeiten, als unlösbar erscheint, nicht zu resignieren, bedarf es der Aneignung der wissenschaftlichen Bildung, die es nicht mehr gibt. Deren Zerfall zu begreifen und die immanente Notwendigkeit dieses Zerfalls zu erkennen, setzt voraus, dass man sie hat. »Was einmal gedacht ward, kann unterdrückt, vergessen werden, verwehen. Aber es läßt sich nicht ausreden, daß etwas davon überlebt. Denn Denken hat das Moment des Allgemeinen. Was triftig gedacht wurde, muß woanders, von anderen gedacht werden: dies Vertrauen begleitet noch den einsamsten und ohnmächtigsten Gedanken. Wer denkt, ist in aller Kritik nicht wütend: Denken hat die Wut sublimiert. Weil der Denkende es sich nicht antun muß, will er es auch den anderen nicht antun. Das Glück, das im Auge des Denkenden aufgeht, ist das Glück der Menschheit. Die universale Unterdrückungstendenz geht gegen den Gedanken als solchen. Glück ist er, noch wo er das Unglück bestimmt: indem er es ausspricht. Damit allein reicht Glück ins universale Unglück hinein. Wer es sich nicht verkümmern läßt, der hat nicht resigniert.«[147] Kaum auszumachen ist, ob es bei solchen Sätzen um Durchhalteparolen sich handelt oder doch um Hoffnung, schwerlich aber um eine, wie sie im vollen Bläsersatz der Kategorie Möglichkeit von der großen Blochmusik[148] intoniert ist.

147 Adorno, *Resignation*, in: *Kulturkritik und Gesellschaft II*, Gesammelte Schriften, Bd. 10.2, hrsg. v. Rolf Tiedemann, Frankfurt a.M. 1977, S. 794–799, hier S. 798 f.

148 *Große Blochmusik* war die Überschrift der Rezension Adornos zu Blochs Textsammlung *Spuren*, die 1960 erstmals veröffentlicht wurde. In den Gesammelten Schriften Band 11 Adornos ist diese Besprechung unter dem von Adorno bereits 1961 geänderten Titel *Blochs Spuren* erschienen.

Literaturverzeichnis

Adorno, Theodor W., *Blochs Spuren. Zur neuen erweiterten Ausgabe 1959*, in: Gesammelte Schriften, Bd. 11, hrsg. v. Rolf Tiedemann, Frankfurt a. M. 2003, S. 233–250.

Adorno, Theodor W., *Negative Dialektik*, in: Gesammelte Schriften, Bd. 6, hrsg. v. Rolf Tiedemann, Frankfurt a. M. 1973, S. 7–412.

Adorno, Theodor W., *Resignation*, in: *Kulturkritik und Gesellschaft II*, Gesammelte Schriften, Bd. 10.2, hrsg. v. Rolf Tiedemann, Frankfurt a. M. 1977, S. 794–799.

Aquin, Thomas von, *Summe gegen die Heiden, Zweiter Band, II. Buch*, hrsg. v. Karl Albert und Paulus Engelhardt, Darmstadt 1982.

Aristoteles, *Kategorien. Lehre vom Satz (Organon I/II)*, i. d. Übersetzung v. Eugen Rolfes, Hamburg 1974.

Aristoteles, *Metaphysik*, übers. v. Hermann Bonitz, Reinbek bei Hamburg 1968.

Aristoteles, *Nikomachische Ethik*, in: Werke in deutscher Übersetzung, Bd. 6, hrsg. v. Ernst Grumach, Berlin 1956.

Blumenberg, Hans, *Die kopernikanische Wende*, Frankfurt a. M. 1965.

Bulthaup, Peter, *Kants Anarchismus und die Pathologie republikanischer Freiheit*, in: Michael Städtler (Hrsg.): *Kants »Ethisches Gemeinwesen«. Die Religionsschrift zwischen Vernunftkritik und praktischer Philosophie*, Berlin 2005, S. 175–180.

Carnap, Rudolf u. Reichenbach, Hans (Hrsg.), *Erkenntnis*, Bd. 3 (1932/33), Felix Meiner Verlag, Leipzig.

Cassirer, Ernst, *Das Erkenntnisproblem in der Philosophie und Wissenschaft der neueren Zeit*, Bd. 4, Darmstadt 1973.

Chacón, Benedict Ugarte: *Auf Sand gebaut. Wie Berlin auf den »guten Ruf« eines Bauunternehmers hereinfiel und Millionen in Saudi-Arabischen Bauprojekten versenkte.* In: Benedict Ugarte Chacón/Michael Förster/Thorsten Grünberg: *Untersuchungsausschüsse: Das schärfste Holzschwert des Parlamentarismus? Ausgesuchte Berliner Polit-Skandale*, Berlin 2020, S. 93–118.

Descartes, René, *Meditationen über die Grundlagen der Philosophie mit den sämtlichen Einwänden und Erwiderungen*, übers. u. hrsg. v. Artur Buchenau, Hamburg 1965.

Die Bibel oder die ganze heilige Schrift des Alten und Neuen Testaments, nach der deutschen Übersetzung Martin Luthers, hrsg. v. d. American Bible Society, New York 1943.

Dilthey, Wilhelm, *Die geistige Welt. Einleitung in die Philosophie des Lebens. Erste Hälfte*, in: Gesammelte Schriften, Bd. 5, Stuttgart/Göttingen 1974.

Engels, Friedrich, *Ludwig Feuerbach und der Ausgang der klassischen deutschen Philosophie*, in: Marx-Engels-Werke (MEW) 21, Berlin 1972, S. 259–307.

Gide, André, *Paludes*, übers. u. hrsg. v. Maria Schaefer-Rümelin, Frankfurt a. M. 1960.

Goethe, Johann Wolfgang, *Faust. Eine Tragödie*, mit einem Nachwort von Hanns W. Eppelsheimer, in: dtv-Gesamtausgabe, Bd. 9, München 1968.

Gorgias von Leontinoi, *Reden, Fragmente und Testimonien*, hrsg. v. Thomas Buchheim, Hamburg 1989.

Hegel, Georg Wilhelm Friedrich, *Ausbruch der Volksfreude über den endlichen Untergang der Philosophie*, in: Gesammelte Werke (Neue Gesamtausgabe), Bd. 4, hrsg. v. Hartmut Buchner u. Otto Pöggeler, Hamburg 1968, S. 257–260.

Hegel, Georg Wilhelm Friedrich, *Ausbruch der Volksfreude über den endlichen Untergang der Philosophie* (HW 2), in: Hegel Werke 2: Jenaer Schriften (1801–1807), Frankfurt a. M. 1970, S. 273–279.

Hegel, Georg Wilhelm Friedrich, *Differenz des Fichteschen und Schellingschen Systems der Philosophie*, in: Aufsätze aus dem kritischen Journal der Philosophie und andere Schriften aus der Jenenser Zeit, Sämtliche Werke, Bd. 1, hrsg. v. Hermann Glockner, Stuttgart/Bad Cannstatt 1965, S. 31–168.

Hegel, Georg Wilhelm Friedrich, *Differenz des Fichteschen und Schellingschen Systems der Philosophie* (HW 2), in: Hegel Werke 2: Jenaer Schriften (1801–1807), Frankfurt a. M. 1970, S. 7–138.

Hegel, Georg Wilhelm Friedrich, *Enzyklopädie der philosophischen Wissenschaften im Grundrisse III: Die Philosophie des Geistes* (HW 10), in: Hegel Werke 10, Frankfurt a. M., 1970.

Hegel, Georg Wilhelm Friedrich, *Grundlinien der Philosophie des Rechts*, in: Sämtliche Werke, Bd. 7, hrsg. v. Hermann Glockner, Stuttgart/Bad Cannstatt 1964.

Hegel, Georg Wilhelm Friedrich, *Grundlinien der Philosophie des Rechts* (HW 7), in: Hegel Werke 7, Frankfurt a.M. 1986.

Hegel, Georg Wilhelm Friedrich, *Phänomenologie des Geistes*, in: Sämtliche Werke, Bd. 2, hrsg. v. Hermann Glockner, Stuttgart/Bad Cannstatt 1964.

Hegel, Georg Wilhelm Friedrich, *Phänomenologie des Geistes* (HW 3), in: Hegel Werke 3, Frankfurt a.M. 1986.

Hegel, Georg Wilhelm Friedrich, *System der Philosophie. Erster Teil. Die Logik*, in: Sämtliche Werke, Bd. 8, hrsg. v. Hermann Glockner, Stuttgart/Bad Cannstatt 1964.

Hegel, Georg Wilhelm Friedrich, *System der Philosophie. Dritter Teil. Die Philosophie des Geistes*, in: Sämtliche Werke, Bd. 10, hrsg. v. Hermann Glockner, Stuttgart/Bad Cannstatt 1965.

Hegel, Georg Wilhelm Friedrich, *Wissenschaft der Logik I*, in: Sämtliche Werke, Bd. 4, hrsg. v. Hermann Glockner, Stuttgart/Bad Cannstatt 1965.

Hegel, Georg Wilhelm Friedrich, *Wissenschaft der Logik I* (HW 5), in: Hegel Werke 5, Frankfurt a.M. 1986.

Hegel, Georg Wilhelm Friedrich, *Wissenschaft der Logik II*, in: Sämtliche Werke, Bd. 5, hrsg. v. Hermann Glockner, Stuttgart/Bad Cannstatt 1964.

Hegel, Georg Wilhelm Friedrich, *Wissenschaft der Logik II* (HW 6), in: Hegel Werke 6, Frankfurt a.M. 1986.

Hilbert, David in: *Der Querschnitt*, Jg. XI, Ausgabe 2, 1931, hrsg. v. Hermann von Wedderkop, Berlin, S. 134.

Hume, David, *Eine Untersuchung über den menschlichen Verstand*, übers. v. Raoul Richter, hrsg. v. Jens Kulenkampff, Hamburg 1973.

Kant, Immanuel, *Kritik der reinen Vernunft*, hrsg. v. Raymund Schmidt, Hamburg 1976.

Klaus, Georg u. Buhr, Manfred (Hrsg.), *Marxistisch-leninistisches Wörterbuch der Philosophie*, neubearbeitete und erweiterte Ausgabe, Reinbek bei Hamburg 1980.

Kraus, Karl, *Die letzten Tage der Menschheit. Tragödie in fünf Akten. Mit Vorspiel und Epilog*, in: Werke, Bd. 5, hrsg. v. Heinrich Fischer, München 1957.

Kuhn, Thomas S., *Die Struktur wissenschaftlicher Revolutionen*, Frankfurt a.M. 1967.

Lessing, Gotthold Ephraim, *Anti-Goeze*, in: Theologiekritische Schriften III. Philosophische Schriften, Werke, Bd. 8, hrsg. v. Herbert G. Göpfert, München 1979, S. 160–379.

Lessing, Gotthold Ephraim, *Die Erziehung des Menschengeschlechts*, in: Theologiekritische Schriften III. Philosophische Schriften, Werke, Bd. 8, hrsg. v. Herbert G. Göpfert, München 1979, S. 489–510.

Maier, Anneliese, *Studien zur Naturphilosophie der Spätscholastik*, 5 Bände, Rom 1949–1958.

Marx, Karl, *Das Kapital. Kritik der politischen Ökonomie. Erster Band*, in: Marx-Engels-Werke (MEW) 23, Berlin 1973.

Marx, Karl, *Das philosophische Manifest der historischen Rechtsschule*, in: Marx-Engels-Werke (MEW) 1, Berlin 1977, S. 78–85.

Marx, Karl, *Zur Kritik der politischen Ökonomie*, in: Marx-Engels-Werke (MEW) 13, Berlin 1975, S. 3–160.

Nietzsche, Friedrich, *Also sprach Zarathustra*, in: Sämtliche Werke, Bd. 6, Stuttgart 1964.

Nietzsche, Friedrich, *Menschliches, Allzumenschliches. Ein Buch für freie Geister*, in: Sämtliche Werke, Bd. 3, Stuttgart 1964.

Parmenides, *Die Lehre vom Seienden (Ontologie)*, in: *Die Vorsokratiker. Die Fragmente und Quellenberichte*, übers. u. hrsg. v. Wilhelm Capelle, Stuttgart 1968.

Platon, *Kratylos*, in: Sämtliche Werke, Bd. 2, i. d. Übersetzung v. Friedrich Schleiermacher, hrsg. v. Ernesto Grassi, Hamburg 1972.

Pohrt, Wolfgang, *Ausverkauf. Von der Endlösung zu ihrer Alternative*, Berlin 1980.

Schiller, Friedrich, *Über naive und sentimentalische Dichtung*, in: Erzählungen, Theoretische Schriften, Sämtliche Werke, Bd. 5, hrsg. v. Gerhard Fricke u. Herbert G. Göpfert, München 1980, S. 694–780.

Schrödinger, Erwin, *Die Natur und die Griechen*, Hamburg 1956.

Snell, Bruno, *Die alten Griechen und wir*, Göttingen 1962.

Spinoza, Baruch de, *Briefwechsel*, in: Sämtliche Werke, Bd. 6, übers. u. hrsg. v. Carl Gebhardt, Hamburg 1977.

Spinoza, Baruch de, *Die Ethik mit geometrischer Methode begründet*, in: Werke, Bd. 2, hrsg. v. Konrad Blumenstock, Darmstadt 1980, S. 84–562.

Stegmüller, Wolfgang, *Probleme und Resultate der Wissenschaftstheorie und Analytischen Philosophie*, Studienausgabe in 4 Bänden, Berlin/Heidelberg/New York 1969–1973.

Ueberweg, Friedrich, *Grundriss der Geschichte der Philosophie, Band 2: Die patristische und scholastische Philosophie*, hrsg. v. Bernhard Geyer, Darmstadt 1967.

Editorische Nachbemerkung

Es war der Wunsch von Peter Bulthaup, eine Vorlesung zur »Einführung in die Philosophie« zu veröffentlichen, und dadurch nicht nur den Hörern dieser einen Vorlesung vom Wintersemester 1980/81, sondern einem größeren Kreis von Studentinnen und Studenten zu ermöglichen, eine jederzeit verfügbare theoretische Grundlage seiner Lehrveranstaltungen einsehen und nutzen zu können.

Nachdem er die Vorlesung *Der Wissenschaftsbegriff des Deutschen Idealismus* in Hannover gehalten hatte, wandte er sich an Christoph Gödde, seinen langjährigen Schüler, und es wurde die Edition dieser Vorlesung beschlossen, die nun, mehr als zwanzig Jahre nach seinem Tod, als erster Band der Reihe *Vorlesungen und Schriften aus dem Nachlass* erscheint. – Die Geschichte dieser jahrzehntelangen Verschiebung zu berichten, ist hier nicht der Ort.

Den vollständigen und zunächst einmal vorerst fertigen Text, der auf Grundlage der Tonbandabschriften und der von Peter Bulthaup zusätzlich zur Verfügung gestellten Manuskriptseiten, nach denen er las, hergestellt wurde, hat er durchgesehen und mit wenigen zumeist stilistischen Korrekturen versehen; Anmerkungen verfasste er nicht. Ein wesentlicher Unterschied zu den in dieser Reihe in Zukunft zu edierenden Vorlesungen ist vor allem diese persönliche Korrektur und das durch ihn erfolgte Imprimatur der Druckvorlage zu Lebzeiten. Seine Korrekturen waren äußerst zurückhaltend, da ihm sehr daran gelegen war, dass der Charakter einer Vorlesung gewahrt blieb, die eben nicht ein durchformulierter Vortrag ist, da sie spontane Parenthesen und während der Vorlesung entstandene Einfügungen und Zusätze enthält.

Die Tonbänder aus dem Besitz von Christoph Gödde sowie der gesamte schriftliche wissenschaftliche Nachlass befinden sich heute im Peter Bulthaup Archiv (www.peter-bulthaup-archiv.de). Die digitalisierten Bestände des Archivs sind online verfügbar über die Digitalen Sammlungen der Gottfried Wilhelm Leibniz Bibliothek (https://digitale-sammlungen.gwlb.de/start/). Auf diese Bestände konnte nicht zugegriffen werden, da dieses Archiv damals noch nicht existierte. Im Nachhinein die Vorlesung durch Material aus diesen Beständen zu kommentieren oder gar zu erweitern, hätte gegen die von Peter Bulthaup erwünschte Authentizität der Vorlesung und gegen sein Imprimatur verstoßen.

Für die Herausgeber Christoph Gödde und Sabine Hollewedde war es daher das primäre editorische Prinzip, diesen Charakter der Vorlesung zu erhalten. Es wurden kleinste Korrekturen, grammatischer Art oder von Schreibfehlern, vorgenommen, ohne den ›Ton‹, den sprachlichen Ausdruck, und die durchaus gelegentlich improvisierte Rede anzutasten. Der Text ist zwar an die neue Rechtschreibung angepasst worden, beibehalten wurden jedoch Zusammen- und Getrenntschreibungen, die heute oft anders gehandhabt werden als zu Zeiten der gehaltenen Vorlesung und einen dementsprechend anderen Inhalt bedeuten können. So haben wir auch möglichst die Ausgaben philosophischer Texte berücksichtigt, die Peter Bulthaup verwendet hat.

Große Zurückhaltung wurde bei den Anmerkungen der Herausgeber geübt. Es ging nicht darum, mögliche Bezüge und Verweise aufzulisten, die zu sehen und zu finden dem Leser überlassen werden kann, ebenso wie ja den damaligen Hörern.

Danken möchten wir zuallererst dem *Gesellschaftswissenschaftlichen Institut Hannover*, das diese Publikation ermöglicht hat. Michael Heidemann hat uns vor allem mit bibliographischen

Nachweisen und bei der Herstellung der Druckvorlage geholfen. Ulrich Ruschig und Michael Städtler danken wir für ihre wertvollen Hinweise.

Christoph Gödde und Sabine Hollewedde

Personenregister

Das Personenregister erschließt den Text der Vorlesungen und die Anmerkungen. Indirekte Erwähnungen sind ohne besondere Kennzeichnung aufgenommen worden. Kursiv gesetzte Seitenzahlen verweisen auf Erwähnungen in den Anmerkungen.

Übersicht

Peter Bulthaup

Vorlesungen und Schriften aus dem Nachlass

Herausgegeben vom
Gesellschaftswissenschaftlichen Institut Hannover

Bereits erschienen:

Band 1
Der Wissenschaftsbegriff des deutschen Idealismus:
Vierzehn Vorlesungen zur Einleitung in die Philosophie
(Wintersemester 1980/81)
Herausgegeben von Christoph Gödde und Sabine Hollewedde
192 Seiten, ISBN: 978-3-98737-048-9

In Vorbereitung:

Band 2
Einführung in die Erkenntnistheorie
(Wintersemester 1981/82 und Sommersemester 1982)
Herausgegeben von Sabine Hollewedde

Band 3
Mythos und Logos
(Wintersemester 1980/81 und Sommersemester 1981)
Herausgegeben von Michael Heidemann

Band 4
Ästhetik
(Wintersemester 1982/83 und Sommersemester 1983)
Herausgegeben von Berthold Wendt

Band 5
Grund und Begründung
(Sommersemester 1980)
Herausgegeben von Annette Hess

zu Klampen!

Peter Bulthaup

Zur gesellschaftlichen Funktion der Naturwissenschaften

Herausgegeben vom
Gesellschaftswissenschaftlichen Institut Hannover

138 Seiten, 12,5 × 20,5 cm
Paperback
ISBN 978-3-98737-049-6

Die Aufsätze von Peter Bulthaup, die hiermit begleitend zur Edition einiger seiner wichtigsten Vorlesungen neu aufgelegt werden, bieten heute wie damals einige wesentliche begriffliche und argumentative Grundlagen für ein wissenschaftlich gebildetes Bewußtsein, das seiner gesellschaftlichen Funktionalisierung deshalb nicht verfällt, weil es sie kritisch begreifen und gegen die eigene moralisch begründete gesellschaftliche Verantwortung abgrenzen kann.

»Das Anliegen dieses jetzt wiederaufgelegten Essays ist höchst aktuell: die notwendige Allianz zwischen Geistes- und Naturwissenschaften.«

Neue Zürcher Zeitung zur zweiten Auflage 1996

https://www.gi-hannover.de/
https://www.bulthaup-archiv.de/

zu Klampen!